A. G. PERRET

ET L'ARCHITECTURE DU BETON ARME

PAR PAUL JAMOT

PARIS et BRUXELLES

LIBRAIRIE NATIONALE

D'ART ET D'HISTOIRE

G. VANOEST, ÉDITEUR

A.-G. PERRET

ET L'ARCHITECTURE DU BÉTON ARMÉ

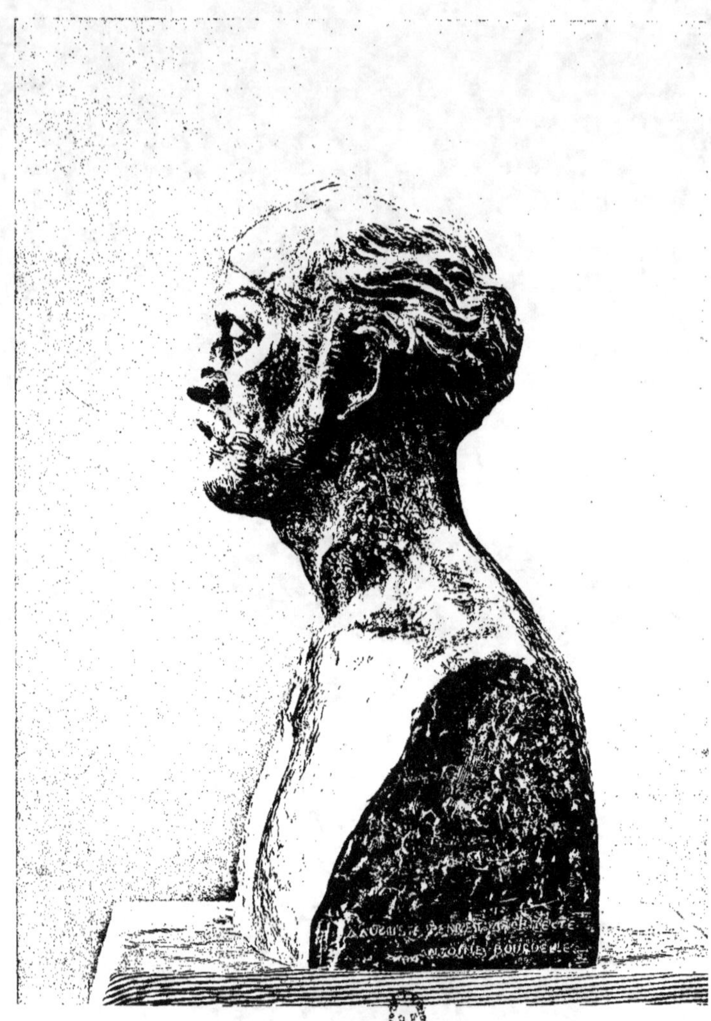

Auguste Perret.
Par Antoine Bourdelle.

A.-G. PERRET

ET L'ARCHITECTURE DU BÉTON ARMÉ

PAR

PAUL JAMOT

PARIS ET BRUXELLES
LIBRAIRIE NATIONALE D'ART ET D'HISTOIRE
G. VANOEST, ÉDITEUR

1927

PREMIÈRES ŒUVRES
1898-1910

Il est naturel qu'une découverte comme celle du béton armé, c'est-à-dire d'une matière possédant des vertus éminentes de plasticité, de solidité et de bon marché, retentisse profondément sur les conceptions des architectes et le style de leurs ouvrages. Car, en tout temps et en tout pays, une règle primordiale s'impose au bon sens : sauf exception et pour de petits monuments de destination spéciale et de caractère précieux, l'architecte doit employer la matière et le procédé de construction dans lesquels il trouve le plus de facilité et d'économie. Mais, pour faire porter à cette règle tous ses fruits, il faut l'intervention d'une intelligence prédestinée, d'une volonté, d'un courage.

Dès le milieu du siècle dernier, l'emploi du fer, avant celui du béton armé, aurait dû marquer l'avènement d'un style approprié à des matériaux nouveaux et à de nouvelles méthodes. Roger Marx (1) rappelle que la mise en œuvre rationnelle des découvertes de la science et de l'industrie a été souhaitée, espérée, par des hommes qu'on n'accusera pas d'être des contempteurs du passé : Prosper Mérimée, Léon de Laborde, Eugène-Melchior de Vogüé. Mais bien rares furent les praticiens qui comprirent l'efficacité d'un tel programme pour la rénovation de l'architecture. La plupart s'obstinèrent à répéter, en les amalgamant avec plus ou moins de tact, les formes et les décors des modèles anciens. Comme il est naturel, ces formes et ces décors, n'étant plus commandés ni par les

(1) *L'Art social*, Paris, 1913, p. 52.

propriétés des matériaux ni par la destination des monuments, prirent un aspect de plus en plus factice. L'appareil extérieur, au lieu d'annoncer la structure interne, devint un masque sur lequel les facilités fournies par les procédés modernes firent croître une ornementation surabondante et dépourvue de sens. Le goût du pastiche et du faux luxe fut encore favorisé par l'influence des Expositions universelles. Dans ces foires où un plan d'ensemble est presque impossible, que ferait la simplicité au milieu de bâtisses hâtives et prétentieuses ? « Un son de voix clair, mais modeste et harmonieux, se perd dans une réunion de cris assourdissants et ronflants (1). » On put craindre que le goût français ne se fût dépouillé de ses qualités natives, quand certains, plus audacieux, pour réagir contre des redites fastidieuses, prétendirent créer de toutes pièces un style qui ne devrait rien à la routine. La double faute de ces novateurs fut d'oublier que la simplicité, la raison, la clarté sont le fond solide et permanent de notre esprit national, et de substituer à l'imitation du passé l'importation des modes étrangères. Là aussi bien qu'ailleurs, ce désir de nouveauté, qu'il n'est pas nécessaire d'appeler progrès et où il suffit de reconnaître le mouvement, signe de la vie, doit se concilier avec ce respect de la tradition qui fait que les générations successives sont reliées entre elles par un même esprit et un même sang, comme les âges de l'individu.

Les noms assez malencontreux d' « art nouveau » et de « modern style » ne servirent guère d'étiquettes qu'à des tentatives incohérentes et avortées.

Il y a trois quarts de siècle que le béton armé fut inventé par un jardinier de Boulogne, Joseph Monnier. Ce fut, en 1849, la trouvaille fortuite d'un homme qui faisait de la rocaille pour bancs, kiosques et ponts de jardin et qui cherchait à rendre ses produits plus économiques et plus solides. Les ingénieurs virent, non pas tout de suite, mais ils furent les premiers à voir, l'intérêt de cette découverte. Depuis vingt ou vingt-cinq ans surtout, de magnifiques travaux d'art, viaducs, ponts de chemins de fer, usines, qui eussent été impossibles sans l'emploi du béton, furent exécutés en France et à l'étranger. Mais personne, avant Auguste Perret, ne se rendit pleinement compte des immenses ressources qui s'offraient à l'architecture.

Suivant le cours ordinaire des choses humaines, il est presque inévi-

---

(1) BAUDELAIRE, *Salon de 1859* (*Curiosités esthétiques*, p. 330).

Casino de Saint-Malo.
1899.

table qu'une révolution esthétique rencontre d'abord une vive et tenace opposition dans le public et même chez les artistes. Car le public est l'animal dont les cent mille têtes sont enserrées dans le réseau de l'habitude, et, sous une forme plus noble, sous l'étiquette infiniment respectable de la tradition, l'habitude gouverne aussi l'esprit d'un très grand nombre d'artistes. Au nom des maîtres dont ils se disent les héritiers et des chefs-d'œuvre qu'ils croient continuer, ils protestent contre des nouveautés qu'ils déclarent pernicieuses.

Mais, en art, c'est l'opinion d'un petit nombre qui finit toujours, au bout d'un temps plus ou moins long, par devenir celle de la majorité. Je crois que l'heure de ce revirement est sur le point de sonner pour Auguste Perret. Le moment est donc opportun pour juger l'œuvre qu'il a déjà accomplie et sa part, qui est prépondérante, dans une rénovation architecturale que le public est bien près d'accepter. Auguste Perret est à la fois un initiateur et un réalisateur.

Ce qui le mit mieux à même de prendre sur ses contemporains une telle avance, ce fut sans doute l'éducation spéciale qu'il avait reçue et l'expérience pratique dont il fut de bonne heure pourvu, en sa qualité de fils d'entrepreneur, bientôt appelé à diriger avec ses frères la maison paternelle. Il eut ainsi l'occasion d'employer largement le béton armé pour le compte des autres, du moins dans les usages auxiliaires où il était alors confiné, et ainsi d'en étudier la fabrication et les modes d'application.

Les frères Perret sont nés à Bruxelles, Auguste le 12 février 1874, Gustave le 14 mars 1876, Claude le 7 juillet 1880. Leur père était Bourguignon, des environs de Cluny. N'est-il pas curieux que l'artiste, dont la destinée était d'orienter l'architecture vers un style nu et sans ornement, vienne de cette région où l'Ordre de Cluny donna, il y a huit siècles, un magnifique essor à l'architecture romane et où la célèbre abbaye du même nom se construisit une église, la plus grande autrefois de toute la chrétienté, dont la beauté résidait, presque sans l'aide du décor ni de la sculpture, dans la pureté et la hardiesse des lignes et la justesse des proportions?

Auguste et Gustave Perret se succédèrent de près à l'École des Beaux-Arts dans l'atelier de Guadet. Celui-ci se souvint toujours du brillant élève qu'il avait eu en la personne d'Auguste Perret. Pour des raisons de famille, son père ayant besoin de lui, Auguste quitta l'École avant d'avoir conquis le diplôme. Mais il avait remporté toutes les autres récompenses depuis le jour où, à dix-sept ans, il avait l'honneur de voir un de ses premiers dessins (quatre colonnes et un fronton) officiellement proposé à l'admiration de ses camarades. Il parle encore volontiers de ce qu'il dut alors à l'enseignement sévère et rationnel du bon théoricien qui fut son maître.

Au cours même de ses études à l'École, il poursuivait d'ailleurs son apprentissage pratique. Ce fut pour lui un avantage dont quelques raisons plausibles et surtout des préjugés privent de nos jours la plupart des architectes. Au lieu de devenir, comme tant d'autres, un homme qui fait, ou fait faire, dans un bureau, des plans et des dessins, sans daigner savoir comment ni par qui ni par quels moyens ils seront réalisés sur le terrain, il ne sépara jamais dans son esprit la tâche de l'artiste et celle du constructeur. Par là, il se trouvait acheminé vers une conception heureuse qui a fait ses preuves au moyen âge. Car c'est par des maîtres d'œuvre ainsi instruits et entraînés que furent élevées nos grandes cathédrales. Rien ne le préparait mieux que cette expérience acquise sur les chantiers à réfléchir aux problèmes qui se posent de nos jours devant l'architecte.

Au compte de ces années de débuts, je crois bon de citer un vaste bâtiment rue du Faubourg-Poissonnière. Il n'y était pas encore question de matériaux nouveaux ni de nouveaux procédés de construction. Mais on y voit le souci de donner satisfaction par un plan bien étudié aux besoins modernes. Tout aménagé en bureaux, ce fut, à la date de 1898, le premier exemple réalisé à Paris et adapté aux nécessités françaises d'un type de bâtiment créé par les Américains.

Presque au même moment (1898-1899), un ouvrage de beaucoup plus important, le Casino municipal de Saint-Malo (pl. II), montre déjà des tendances plus personnelles. Le béton y est employé pour le plancher à vaste portée qui couvre le bar. Mais, à cette époque, une municipalité, faisant les frais d'un casino, n'aurait pas voulu d'une construction où le ciment armé fût apparent. Les frères Perret jugèrent que le mieux était d'employer les matières qu'on trouvait sur place, granit, brique, ardoise et aussi, dans une certaine mesure, les formes traditionnelles de l'architecture rustique du pays. Mais ce qui fait le mérite principal de l'œuvre, c'est la logique et la clarté du plan, avec un goût certain de la sobriété.

Enfin, en 1902, étant tout à fait maîtres de leurs actions, puisqu'ils agissaient pour leur propre compte sur un terrain qui leur appartenait, ils construisirent la maison, sise 25 *bis*, rue Franklin, dont le rez-de-

Immeuble 25bis, rue Franklin, Paris.
1902-1903.

chaussée est toujours occupé par leurs bureaux (pl. III). C'est la première maison de rapport, tant en France qu'à l'étranger, dont le plan tout entier soit en fonction du béton armé (1). Ce sont les poteaux de l'ossature qui dessinent la façade et c'est grâce au béton que l'architecte a tiré un parti extrêmement ingénieux d'un terrain exigu. Perret supprime cette cour intérieure qui presque partout n'est qu'un triste puits sans air ni lumière et dont la surface imposée par le règlement (56 mq. 66) aurait rendu ici tout revenu impossible.

Par un décrochement hardi qui creuse sur la façade une espèce de cour extérieure entre deux tours en surplomb (2), il obtient un développement qui semble paradoxal de pièces prenant toutes, largement, jour sur la rue. Le seul reste de l'esthétique de 1900 qui subsiste dans ces formes si nouvelles et si pratiquement calculées, c'est le revêtement en grès avec un dessin de feuillages, élégant et discret, ton sur ton, mais peut-être insuffisamment stylisé. On peut regretter d'ailleurs que la première intention d'Auguste Perret n'ait pas été suivie; il voulait donner à ce dessin de feuillages un caractère purement géométrique, dans le genre de la rosace qu'il devait bientôt dessiner pour une baie vitrée au Garage de la rue de Ponthieu. Deux ou trois ans plus tard, il se serait sans doute abstenu de tout décor; loin de meubler les surfaces nues, c'est dans leur rapport avec les baies et les divisions de la façade qu'il aurait cherché le rythme de sa composition. Tout compte fait, une grande considération est due à ce premier essai de construction en béton armé, et, s'il faut défendre le revêtement de grès, on peut bien dire, sans y mettre, je crois, d'exagération sophistique, que cette marqueterie de feuilles, par son aspect réel de légèreté autant que par l'idée qu'elle suggère, était bien faite pour souligner le caractère fondamental d'une architecture où toute l'autorité réside dans l'ossature des poteaux, le reste n'étant qu'un léger remplissage dont la matière est presque indifférente.

(1) Peu auparavant, M. Hennebique avait construit rue Danton une maison de rapport en béton armé, mais sans tenir compte de la puissance du « matériau ». Cette application illogique, n'aboutissant qu'à reproduire toutes les formes de la construction en pierre ne compte donc pas pour l'histoire de l'architecture du béton armé.

(2) La surface, véritablement minime, de cette cour est de 12 mètres carrés, c'est-à-dire le cinquième de la cour intérieure exigée par les règlements.

***

Restait encore à trouver, cependant, la véritable esthétique de cette architecture nouvelle. En d'autres termes, il fallait montrer qu'un édifice uniquement régi dans son ensemble et dans toutes ses parties par l'emploi rationnel du béton armé, avec la plus grande économie possible de matière et de main-d'œuvre, pouvait avoir sa beauté propre et, malgré l'absence de tout ornement superflu, être une œuvre d'art.

C'est la démonstration qui fut faite, avec l'élégance et la perfection d'un théorème, au Garage de la rue de Ponthieu (pl. IV et fig. 1). Il s'agit là d'un bâtiment destiné à un très modeste et très pratique usage. Mais de simples écuries, à Versailles ou à Chantilly, n'ont-elles pas inspiré des chefs-d'œuvre à nos architectes du xviie et du xviiie siècle? C'est un grand mérite d'Auguste Perret que d'avoir l'un des premiers compris ce qui sera, ce qui doit être un principe directeur de l'architecture moderne. Grâce aux matériaux et aux procédés actuels, toute construction à usage commercial ou industriel peut satisfaire aux exigences de notre goût, pourvu qu'elle ne cherche pas à se déguiser sous des apparences ou des conventions arbitraires et que tout y soit calculé avec franchise et justesse en vue de la meilleure utilisation possible. Une usine bien faite vaut mieux, même esthétiquement, qu'un théâtre ou un « palace » surchargé de faux luxe dans le style prétentieux et incohérent qu'a trop répandu naguère le mauvais goût issu des Expositions universelles. L'architecte, de nos jours, doit concevoir le plan de son œuvre en ingénieur et le réaliser en artiste; mais l'art n'y doit pas être ajouté comme en surcroît; il n'est qu'une floraison naturelle produite par la logique du plan, la justesse et l'harmonie des proportions, le soin donné à l'exécution. Aujourd'hui tout le monde admire les Hangars d'Orly et se rend compte que cet immense vaisseau sans points d'appui à l'intérieur, fait pour permettre aux dirigeables d'entrer et de sortir en plein mouvement, a une beauté qui n'est pas indigne d'être comparée à celle des nefs gothiques, précisément parce que rien n'y prétend imiter l'architecture ogivale et qu'on s'est contenté de pousser jusqu'à l'extrême de la hardiesse, sans dépasser les limites de la sécurité, cette prodigieuse carcasse nue que rend possible la puissance du béton.

Au cours de ces dernières années, les frères Perret eux-mêmes ont

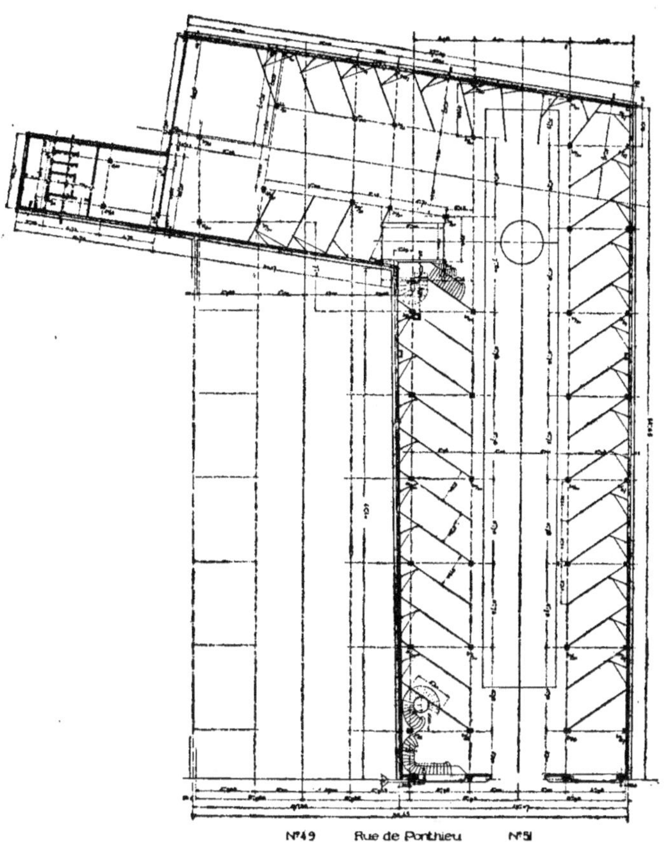

Fig. 1. — Garage d'automobiles, rue de Ponthieu. Plan.

manifesté cette imagination de l'ingénieur sûr de ses calculs dans des
constructions purement industrielles du même genre. Tels, ces Ateliers

de confection, avenue Philippe-Auguste (1919), où ils avaient à doubler une vaste nef existante, construite en fer (pl. XXXIII). L'architecture en fer semblait naguère la seule propre à obtenir un maximum de légèreté et de clarté. Aujourd'hui on peut comparer les deux ateliers parallèles : la supériorité de la nef de béton est éclatante. Tels aussi les Docks de Casablanca (1916), avec leurs minces voûtes surbaissées; elles ont 3 centimètres d'épaisseur, et ce sont les premières aussi minces qui aient été faites, en France ou ailleurs. Un jeu de briques en claire-voie assure la ventilation et prend la valeur d'un décor, suivant la juste et constante règle d'Auguste Perret, qui veut qu'on ne tourne en ornement que ce qui est nécessaire; et l'on constate que ces Docks on ne peut plus modernes, que domine une éolienne en acier, s'harmonisent très bien avec la ville arabe (pl. XXXII).

En 1905, théoriques ou pratiques, de telles vues étaient bien rares, ou plutôt il n'y avait guère qu'Auguste Perret qui y songeât. Au Garage de la rue de Ponthieu, la façade ne fait pour ainsi dire que laisser transparaître l'ossature de la construction. Il n'y a que du verre, pour introduire à flots la lumière, et des poteaux verticaux coupés par quelques horizontales. Le seul décor est l'espèce de rosace géométrique dont les cercles concentriques unis par des rectangles et des losanges occupent la grande verrière centrale. Mais il a suffi de galber les poteaux et de marquer avec franchise et netteté les divisions naturelles pour donner à cette sorte d'épure un visage harmonieux, élégant et ce je ne sais quoi de vivant qui décèle la construction adaptée aux besoins humains. Le Garage de la rue de Ponthieu est une date décisive dans une histoire qui fera honneur à notre pays devant la postérité. C'est le premier édifice où s'affirment clairement et sans compromis des principes dont on n'aura plus ensuite qu'à développer les conséquences. Ces développements, d'ailleurs, les frères Perret seront longtemps les seuls à en fournir les exemples. Car on ne comprit pas tout de suite la valeur insigne de cet ouvrage qui du premier coup définissait en ses linéaments fondamentaux l'esthétique du béton armé.

Des travaux divers remplissent les années suivantes, et on ne doit pas négliger même ceux qui ne sont que des arrangements de bâtisses plus ou moins anciennes, comme par exemple, cette transformation d'une maison de campagne à Bièvres (1909-1910), où Auguste Perret mit tant d'intelligence, d'ingéniosité et de goût (pl. XXXVII). Cependant il faut

Garage d'automobiles.
51, Rue de Ponthieu à Paris.
1905.

aller jusqu'au Théâtre des Champs-Élysées pour que l'attention générale se porte sur ce jeune architecte qui était jusque-là inconnu du grand public. De longues discussions s'élevèrent. A des détracteurs violents, des admirateurs convaincus répondirent; mais bien peu nombreux furent alors ceux qui de l'avenue Montaigne poussèrent jusqu'à la rue de Ponthieu, si voisine, et qui se doutèrent que la façade du Garage de 1905 était le prélude déjà très arrêté de la façade du Théâtre des Champs-Élysées, dessinée en 1911, et dont la construction, commencée en 1912, fut achevée en 1913.

LE THÉATRE DES CHAMPS-ÉLYSÉES
1911-1913
(Pl. V-XIX)

Pour la première fois depuis longtemps, un édifice destiné au public, ouvert à la vie sociale, était conçu et exécuté avec le même souci de la logique, de la raison et de l'utilité qu'on peut attendre d'un particulier intelligent construisant une maison pour son usage personnel.

L'initiative de deux hommes, qui surent s'accorder malgré les différences de leur esprit et de leur caractère, remplissait la fonction qui appartint jadis aux princes protecteurs des arts et dont l'État démocratique, héritier de nos rois, s'acquitte de nos jours si mal. On sait comment l'État procède. Il nomme un jury et ouvre un concours. Un projet, qui n'est pas toujours le meilleur, est couronné par les juges. Mais trop souvent ce n'est pas l'auteur de ce projet qui est chargé de l'exécuter. D'ailleurs, quand on passe à l'exécution, des influences multiples s'exercent, où le bien public et l'esthétique ont peu de part. La désignation des peintres, des sculpteurs et des divers artistes qui doivent décorer l'édifice se fait au gré des bureaux et de la politique. Quoi d'étonnant si l'œuvre commune est sans vie, sans beauté réelle, sans utilité, et si une dépense énorme d'argent, parfois même de talent, n'aboutit qu'à des résultats peu honorables pour cette France qui fut pendant plusieurs siècles la patrie des bons architectes ?

La construction d'un théâtre n'est pas seulement un problème artistique et technique. De notre temps surtout, elle suppose de vastes combinaisons financières et commerciales. M. Gabriel Astruc fut l'homme d'affaires et l'homme d'action dont l'intelligence, l'habileté, la hardiesse rendirent le succès possible. Sans négliger les nécessités positives, M. Gabriel Thomas fut l'âme de l'entreprise : la conception de l'œuvre ne lui doit pas moins que la réalisation elle-même. Pendant deux ans, cet amateur d'art passionné employa, avec autant de générosité que de modestie, ses talents d'organisateur; il y joignait des qualités peut-être encore plus précieuses, le goût, le dévouement et, ce n'est pas trop dire, la foi. Sous son autorité constante, les études préparatoires furent poursuivies par M. Roger Bouvard, puis par M. Henry van de Velde. D'Allemagne où il avait longtemps séjourné, cet artiste belge apportait, en même temps que ses réflexions personnelles de théoricien, les renseignements recueillis dans un pays où la création récente de nombreux théâtres avait permis d'adapter aux besoins modernes les méthodes et les types de construction.

Lorsque M. van de Velde se retira en juillet 1911, M. Gabriel Thomas, qui pouvait apprécier déjà depuis plusieurs mois le talent, la science et l'expérience d'Auguste Perret, et la valeur singulière du concours qu'il apportait à l'œuvre commune, lui fit attribuer, ainsi qu'à son frère Gustave, la direction générale des travaux qu'ils conçurent et exécutèrent en leur double qualité d'architectes et d'entrepreneurs. Son influence ne fut pas moins active sur le choix des artistes, sculpteurs et peintres, qui eurent à collaborer avec les architectes : les noms d'Émile-Antoine Bourdelle, d'Édouard Vuillard, de K.-X. Roussel, d'Henry Lebasque, de Mme Jacqueline Marval, témoignent du désir de faire appel, sans timidité ni témérité, à la génération qui recueillait alors l'héritage de l'impressionnisme; par une affinité suffisante entre des talents divers, ils répondent d'autre part à un louable souci de cette harmonie qu'on ne rencontre guère de notre temps dans les ouvrages d'architecture et qui pourtant devrait en être la première vertu. Enfin, en faisant de la part confiée à Maurice Denis dans la décoration de la salle la donnée initiale du programme, cette même influence a non seulement doté l'édifice d'une parure dont la beauté est exceptionnelle, mais lui a imprimé sa couleur particulière de haute et noble intellectualité.

*_**

Le théâtre une fois achevé et ouvert au public (avril 1913), M. van de Velde semble avoir passé par des sentiments divers. Les critiques furent plus nombreuses que les éloges. Car une œuvre originale et neuve est rarement comprise d'emblée et on aime mieux blâmer de haut que d'avouer qu'on ne comprend pas. M. van de Velde affectait alors volontiers le détachement et laissait dire que, s'il avait participé aux travaux préliminaires, il n'était pour rien dans l'œuvre telle qu'on la voyait réalisée. A mesure cependant que le succès s'affirmait, au moins dans les milieux artistiques, son attitude changeait, et ce changement finit par aboutir à des revendications positives et tenaces. Un beau jour, ces revendications furent présentées avec assez d'adresse et d'éloquence pour convaincre un critique fort compétent, architecte lui-même, M. Pascal Forthuny. Toutes les idées seraient de M. van de Velde, les frères Perret n'ayant été que des exécutants, et des exécutants qui, sur plusieurs points, ont mal traduit ou ont défiguré les belles inventions du maître. Telle est la thèse. Si l'on veut connaître tous les arguments ou apparences d'arguments allégués par l'artiste belge, on ne saurait mieux faire que de lire le n° 6 des *Cahiers de l'Art moderne* (15 septembre 1913). Mais cette lecture a son antidote, offert par le même Pascal Forthuny. Tout en réduisant singulièrement leur rôle, l'auteur du *Cahier* n° 6 montrait à l'égard des frères Perret autant de courtoisie que de chaleur admirative pour M. van de Velde. Sa loyauté étant manifeste, M. Gabriel Thomas lui communiqua les documents qu'il détenait en sa qualité de président du Conseil d'administration du Théâtre des Champs-Élysées et les frères Perret lui adressèrent une longue lettre explicative. Devant l'évidence il n'hésita pas à reconnaître son erreur : le n° 7 des *Cahiers de l'Art moderne* rend pleine et entière justice aux frères Perret.

Je crois utile de résumer ici la suite des faits telle qu'elle a été établie sur pièces authentiques tant par M. Pascal Forthuny que par M. Gabriel Thomas.

Les premières études étant encore peu avancées et pour ainsi dire stagnantes, M. Maurice Denis prononça le nom de M. Henry van de Velde, dont il vanta la grande réputation de théoricien et d'esthéticien. Le 3 décembre 1910, un contrat fut signé entre la Société du Théâtre des Champs-Élysées et M. van de Velde. Ce contrat, M. Gabriel Thomas l'a rappelé ultérieurement (1), ne concernait d'ailleurs que la façade et la décoration intérieure. M. van de Velde participa néanmoins, d'une façon plus ou moins

(1) Voir, en appendice, la lettre de M. Gabriel Thomas à MM. A. et G. Perret, 7 juillet 1914.

Théâtre des Champs-Élysées.
Façade. (Dessin).
1911-1913.

suivie, à l'étude du plan. Sa principale initiative fut de préconiser l'emploi du béton armé pour le gros œuvre, et, à cet effet, il eut le mérite de s'assurer le concours des frères Perret. Dès le 29 janvier 1911, ceux-ci prenaient part à la séance du Conseil d'administration. A la séance suivante, 6 février, le désaccord surgit entre Auguste Perret et M. van de Velde, le premier déclarant que le plan qu'on l'a chargé d'étudier, avec les « points » en béton tels qu'ils sont indiqués, n'est matériellement pas réalisable. Le 14 février, les frères Perret soumettent à l'assemblée un plan nouveau : aux huit points de béton de M. van de Velde, ils substituent quatre groupes de deux points; le plafond de la salle se trouve par suite divisé, comme nous le voyons aujourd'hui, en quatre grandes et quatre petites sections, tandis que le dessin de M. van de Velde impliquait seize divisions au plafond. Après quelque résistance, M. van de Velde cède dans le courant de mars. Le parti des quatre points est désormais acquis. C'est le plan Perret. Or, comme le disent Auguste et Gustave Perret dans leur lettre du 8 octobre 1913 (1), « tout le théâtre est là »...

Cependant, si M. van de Velde a été le premier à parler dans le Conseil du béton armé, il ne visait alors, il ne vise encore que le gros œuvre; il ne voit pas la façade autrement qu'en construction massive. C'est Auguste Perret qui propose une façade en ciment armé avec revêtement de marbre. Le Conseil approuve, et il montre d'autant plus d'empressement que le projet Perret suppose une économie de 100.000 francs sur la seule façade. Le 13 mai, les deux projets de façade, la façade massive de van de Velde et la façade en béton armé de Perret, se présentent en concurrence devant le Conseil. M. van de Velde lui-même se rallie au projet Perret. Le Conseil invite Perret à poursuivre ses études. Le 20 juin, Perret apporte sa maquette. Le Conseil adopte le principe d'une façade en béton avec revêtement de marbre, mais demande une modification au centre qui, sur cette première maquette, était aveugle. « L'idée du grand portique, conclut M. Pascal Forthuny, reste acquise, c'est-à-dire le parti tout entier résultant du principe des quatre points dans la salle (ce principe appartient tout entier lui aussi à MM. Perret). »

Le 3 juillet, M. van de Velde ayant proposé une nouvelle façade se rapportant à une surélévation considérable du plafond intérieur, le Conseil

(1) Voir cette lettre *in extenso* en appendice.

rejette ce dispositif comme nuisible à l'aménagement du petit théâtre et à sa relation avec le grand. Séance orageuse. Le 13 juillet, le Conseil reçoit une lettre de M. van de Velde demandant la résiliation de son engagement. On l'invite à demeurer comme architecte-conseil. Il fait un rapport le 11 septembre, et ensuite on ne le revoit plus.

Ces choses étant publiées, l'affaire, semble-t-il, était entendue. M. Pascal Forthuny, toujours loyal et courtois, assure qu'il n'a pas cessé de croire à la parfaite bonne foi de M. van de Velde. Disons, s'il en est ainsi, que nous avons là un cas remarquable de cette faculté prodigieuse que possèdent les hommes de se faire illusion à eux-mêmes. Faut-il penser que cette illusion persiste chez M. van de Velde? Pendant la guerre, il se tint coi : il était d'ailleurs en Allemagne. Mais, la paix revenue, des bruits recommencèrent à circuler. On apprit par une brochure (1) que M. van de Velde étendait ses revendications jusqu'au théâtre construit par les frères Perret en 1925 pour l'Exposition des arts décoratifs. Ainsi, treize ou quatorze ans après avoir perdu tout contact avec M. van de Velde, Auguste Perret, en proie à la fatalité de son destin, continuerait à ne rien pouvoir trouver sans le prendre à l'esthéticien de Weimar!

Deux lettres adressées par M. Gabriel Thomas, l'une aux frères Perret, l'autre à M. Horta, l'architecte belge bien connu, mettent le point final à cette controverse : « En résumé », dit M. Gabriel Thomas après avoir énuméré les différentes phases des rapports entre le Conseil d'administration du Théâtre des Champs-Élysées d'une part, M. van de Velde et les frères Perret d'autre part, « la conception et la disposition de l'ossature générale en béton armé, l'étude complète des plans définitifs qui en découlent, les façades, la décoration intérieure et l'ameublement, sont entièrement l'œuvre d'A. et G. Perret, architectes (2). »

*
* *

Les circonstances économiques, l'exiguïté, la cherté des espaces disponibles, ne permettent plus, même à une opulente société d'actionnaires,

---

(1) *Le Théâtre du Werkbund à l'Exposition de Cologne en 1914 et la scène tripartite Henry van de Velde.*
(2) *L'Amour de l'Art*, juillet 1925, p. 244.

Théâtre des Champs-Élysées.
Façade.
1911-1913.

d'isoler au milieu d'une large place un monument propre à embellir la cité. Il fallut se satisfaire d'un terrain irrégulier. La façade dut garder l'alignement de la rue, et la construction ne put être dégagée des maisons voisines que sur une des faces latérales. Là, une voie étroite et longue, nécessaire aux besoins du service, conduit à une cour où s'élèvent, derrière le mur de la scène, des bâtiments qui abritent de multiples engins et un nombreux personnel. Cette disposition, en éloignant du public, autant qu'il est possible, les rouages de l'exploitation, est une garantie de sécurité. Sous l'impulsion d'un homme de théâtre aussi expérimenté que M. Astruc, tous les soins possibles furent donnés à la machinerie compliquée qu'exige un théâtre moderne. L'arrière de la scène et son sous-sol ont l'aspect d'une gigantesque usine. Cette partie importante de l'œuvre a été dirigée par M. Eugène Milon, ingénieur.

D'autre part, la configuration du terrain et le désir d'en utiliser les moindres parcelles suggérèrent une combinaison ingénieuse, quoique inattendue (1). Derrière la façade, à la place où s'ouvre, dans la plupart des théâtres, ce foyer du public que la mode actuelle déserte, on construisit une seconde salle, de proportions restreintes et de forme rectangulaire. Ainsi le vaste édifice comprend deux théâtres, la grande scène étant consacrée à la musique (2) et la petite à la comédie. En outre, au-dessus du petit théâtre, une galerie spacieuse et bien éclairée avait été prévue pour des expositions de tableaux et d'œuvres d'art (3). La comédie et la galerie ont leur entrée spéciale. Ces hôtes divers voisinent sans se confondre.

Si avantageux que soient de tels arrangements, il est probable que l'architecte uniquement préoccupé de son art eût préféré un programme plus simple. Cependant rien ne sert de regretter ce qui ne peut plus être. L'art domine la vie, mais ne peut s'en abstraire, sous peine de n'être qu'un jeu vain. Il est comme le grand chêne au milieu de la clairière. Ce que nous en voyons, ce que nous en admirons, c'est un tronc droit que protège une

---

(1) On rappellera, comme un précédent notable, que le théâtre de Bordeaux, chef-d'œuvre de Louis, est aménagé de façon que le foyer puisse servir de salle de concerts.

(2) Depuis quelques années, on le sait, les spectacles variés du music-hall occupent ce qui devait être l'empire de la musique pure. Si l'aspect et le décor de la salle continuent à évoquer une plus noble destination, on ne peut en faire reproche ni à Auguste Perret ni à Maurice Denis.

(3) Cette galerie a été depuis peu transformée en un troisième théâtre, le plus petit des trois, qui porte le nom de *Studio*.

cuirasse d'écorce, des bras sans nombre tendus vers le ciel et une tête auguste, couronnée de feuilles, où chantent les oiseaux. Mais les racines que nous ne voyons pas plongent dans la terre : elles y puisent la sève qui porte la vie et la beauté dans tous les membres de ce corps majestueux.

De plus en plus, même dans les édifices qui sont le luxe d'une capitale, les architectes devront s'accommoder de conditions où s'enchevêtrent des intérêts divers. Auguste Perret est au premier rang de ceux qui ne se laissent pas rebuter par ces nécessités nouvelles, car il ne les croit pas incompatibles avec la beauté. Il les aborde avec sa raison, sa franchise, son courage, persuadé qu'il finira par les tourner au profit de l'art même. Dans quel art, en effet, si ce n'est dans ceux qu'on appelle improprement les arts décoratifs, l'utile et le beau seront-ils aussi étroitement liés, confondus que dans l'architecture ?

Malgré le goût de nos contemporains pour les spectacles, pour les choses et les gens des coulisses, le théâtre n'est plus, comme il le fut dans l'antiquité, un organe de la vie civique et publique. Nous avons encore des théâtres d'État. S'il n'y a guère de chances qu'on les réforme, il est encore moins question de les supprimer. Dans un pays dont l'histoire est longue et glorieuse, les institutions anciennes, même quand elles ont perdu leur efficacité première, méritent le respect et les soins que nous accordons justement aux édifices conçus par les architectes des siècles passés pour des besoins qui ne sont plus les nôtres.

On ne peut nier cependant que des théâtres d'État la vie ne se retire, non seulement la vie artistique, mais la vie mondaine. Les plaisirs du théâtre tendent à revêtir un caractère de fête privée, où le luxe s'étale, tandis que la solennité disparaît. Il est donc juste que la façade de l'édifice destiné à de telles réunions ne s'isole pas des autres maisons, et même ne s'en distingue ni par une hauteur ni par un développement insolites.

L'Opéra de Charles Garnier est un monument, trop admiré autrefois, trop dénigré peut-être aujourd'hui, où il y a de belles parties. Ce qui fait le plus d'honneur à l'artiste, plus même que le célèbre escalier, c'est ce qu'on connaît le moins dans son œuvre, faute d'un recul suffisant : je veux dire ce haut bâtiment de la scène dont les proportions sont à la fois élancées et massives. Mais la façade est une fastueuse erreur qui a pour longtemps faussé l'esthétique rationnelle du théâtre. L'immense perron semble

Théâtre des Champs-Élysées.
Péristyle.

attendre des processions ou des cortèges, et la *loggia*, avec ses vastes baies flanquées de colonnes, est faite pour qu'un prince entouré de sa cour s'y offre aux acclamations du peuple. La raison conseillait une disposition tout autre. La façade d'un théâtre a besoin de portes, non de balcons ni de fenêtres; et ces portes doivent être, autant que possible, de plain-pied avec la rue. Les Anciens l'avaient compris : le mur d'Orange est, sur notre sol même, un exemple illustre qu'auraient dû méditer nos architectes. La vie du théâtre est intérieure.

Pénétré de ces idées, Auguste Perret avait d'abord dessiné une façade aveugle, sans fenêtres, avec de larges nus. Quand on revoit le beau dessin qui fut présenté le 13 mai 1911 au Conseil d'administration, on ne peut s'empêcher de regretter que ce projet si franc, hardi, logique n'ait pas été réalisé. On craignit sans doute, à tort, je crois, que le public ne se sentît rebuté par un visage trop peu accueillant. Néanmoins, il est permis de penser que la façade actuelle, tout en donnant par son parti de sévérité et de nudité une satisfaction suffisante à une juste théorie, présente l'avantage de se conformer à une notion expérimentale non moins juste, en accusant l'affinité du théâtre avec les maisons voisines. Trois hautes baies percent la façade. Ce sont des verrières comme celles des églises (1). Il n'y a ni balcon ni balustrade, ni rien qui suppose une présence ou un regard tourné vers le dehors.

Le théâtre construit par Auguste et Gustave Perret vient à point pour rassurer les timides qui, entre le faux Louis XVI et le soi-disant *modern style*, ne savaient plus quel fléau préférer. Après tant de rejetons rachitiques ou de fleurs monstrueuses, voici une plante saine, normale, d'où une descendance vigoureuse peut sortir.

L'effort suivi avec ténacité depuis la maison de la rue Franklin avait, dès 1905, avec le Garage Ponthieu, abouti à une création vraiment démonstrative. Mais combien était petit le nombre de ceux sur qui la démonstration avait porté ! Même parmi ceux qui avaient daigné regarder, combien pensaient : « Est-ce que le salut de l'architecture peut nous venir d'un

---

(1) Un moyen à la fois ingénieux et décoratif soulignera peut-être bientôt l'intention de ces fenêtres. Voici, en effet, ce que nous trouvons dans un intéressant article de Mlle Marie Dormoy sur *A. et G. Perret* (*l'Amour de l'Art*, janvier 1923, p. 413) : « A. et G. Perret se proposent de revenir à leur idée primitive en remplaçant les vitres du foyer de la Comédie par des plaques d'onyx, ainsi que cela fut usité en Italie aux époques médiévale et de la pré-renaissance. »

simple garage d'automobiles ? » Ici, l'importance d'un édifice que tout le
monde veut voir, dont tout le monde parle, donne une immense publicité
à l'œuvre, ainsi qu'aux conceptions et aux intentions de l'architecte.

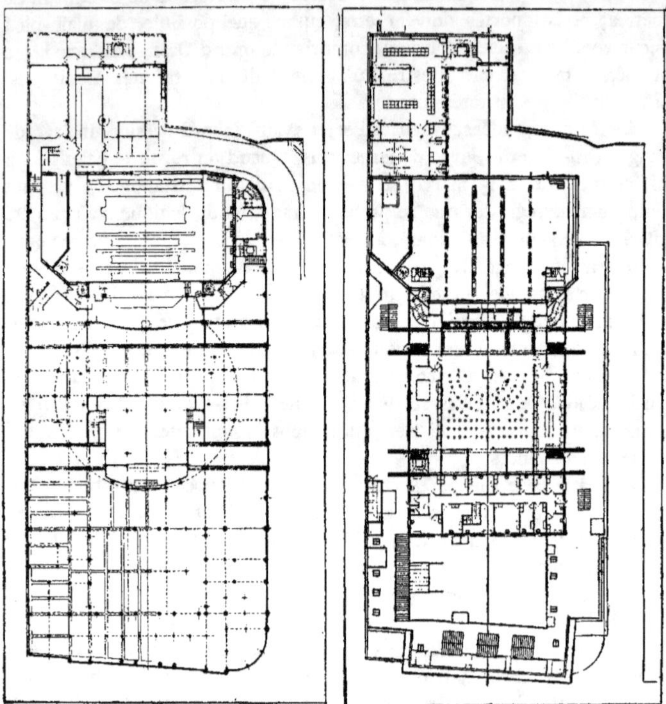

Fig. 2. — Théâtre des Champs-Elysées. — 1. Plan du sous-sol. — 2. Plan du dernier étage.

La première qualité du Théâtre des Champs-Élysées, c'est la simplicité, l'unité claire et logique de son plan. Là se montre l'invention du
grand architecte qui, d'un coup d'œil, voit toute son œuvre, avec ses développements les plus variés et les plus riches, sortir d'une sorte de chiffre

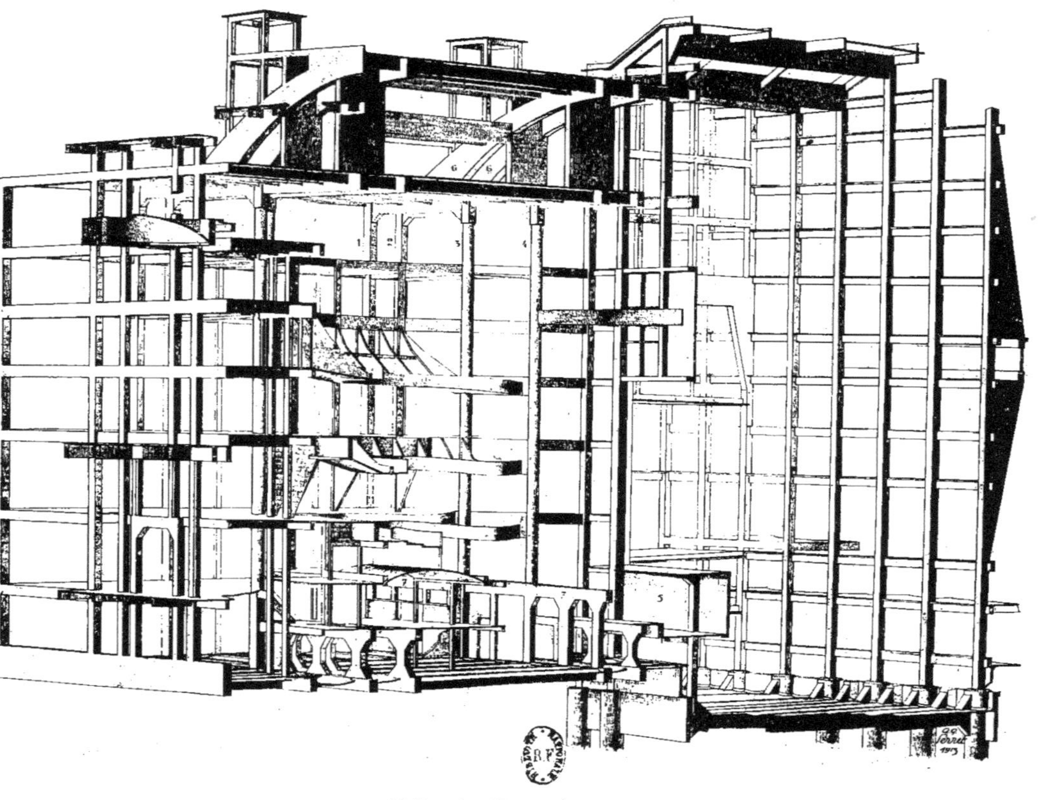

Théâtre des Champs-Élysées.
Ossature.
1911-1913.

initial. Ce chiffre initial est d'ailleurs strictement conditionné par la matière employée et ne serait pas possible sans le béton armé. Quatre groupes de deux points symétriques dessinent la salle et en même temps envoient leurs commandements jusqu'aux extrémités de l'édifice. Puisque nous avons la chance de posséder là-dessus un texte où l'auteur lui-même explique sa pensée et son œuvre, que pourrions-nous faire de mieux que de le reproduire?

> De ces quatre groupes de deux points symétriques posant sur deux grandes poutres et soutenant deux ponts découle l'architecture de tout l'édifice : quatre pylônes, quatre escaliers, quatre entrées, l'ensemble surmonté d'une coupole ou couronne en quatre parties. C'est de ces quatre pylônes que vient tout l'aspect de la salle, c'est ce parti qui exige la disposition des balcons telle qu'elle a été exécutée; ne faut-il pas que ces balcons portent sur l'ensemble des quatre groupes de points; pourquoi ne pas se servir de ceux qui sont du côté de la scène?... A ces quatre groupes de deux points est liée toute la composition; c'est sur eux que s'alignent tous les poteaux de la construction... Ces poteaux constituent toute l'ordonnance, tant intérieure qu'extérieure. A l'intérieur, ce sont les poutres reliant ces poteaux qui forment toute la décoration des plafonds; ces poutres accusent encore plus nettement la construction et la grande simplicité du parti. A l'extérieur, ce sont les poteaux alignés sur les quatre groupes de deux points qui constituent les pylônes du grand portique de la façade principale; mêmes pylônes, même portique en façade latérale. Les quatre grands lanterneaux de ventilation de la salle accusent l'intersection des deux alignements; de plus ils couronnent à l'extérieur les pylônes de la salle... Tout cela... résulte du parti affirmé d'un bout à l'autre des quatre groupes de deux points dans la salle...

Les lignes suivantes, qui semblaient, moins de trois années auparavant, une prophétie aventurée, reçoivent des événements la plus heureuse confirmation. « Quelle sera la beauté de demain », écrivait en 1910 Roger Marx, après une visite à l'Exposition internationale de Bruxelles (1), « du moins dans les ouvrages que régit l'architecture, l'art social par excellence? Son secret résidera peut-être dans le rythme des lignes, dans l'équilibre des proportions et des masses. Ce sera une beauté plus grave et plus grecque. Le principe s'en accorde pleinement avec les possibilités de réalisation des techniques modernes... Le problème mérite de retenir les attentions françaises; il sourit à notre hellénisme; après tant de paroles franches et de vérités amères, on se réjouit de penser que, parmi tous les pays, des affinités certaines nous désignent pour en trouver la solution élégante. »

(1) *Gazette des Beaux-Arts*, 1910, t. II, p. 490 (*l'Art social*, p. 254-255).

Comme pour illustrer ces vues théoriques, Auguste Perret prouve, en effet, que l'on peut, que l'on doit mettre en œuvre les procédés de con-

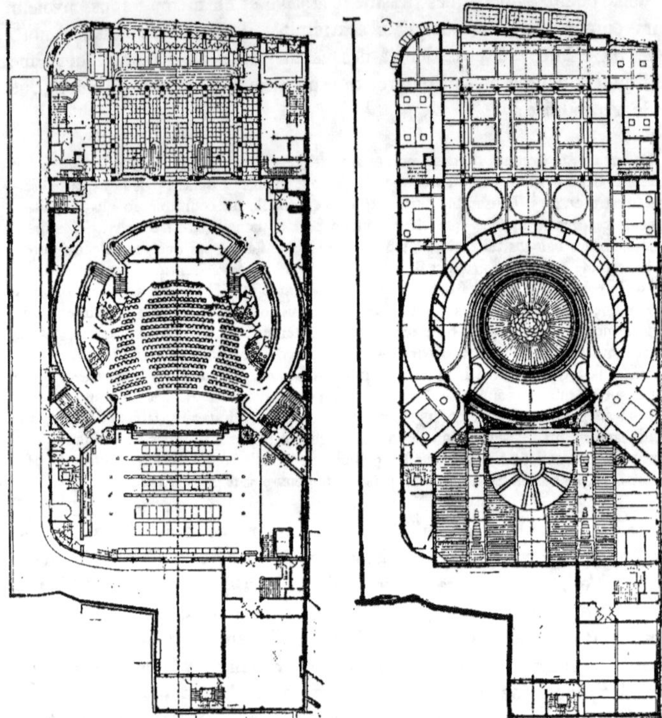

Fig. 3. — Théâtre des Champs-Elysées. — 1. Plan du rez-de-chaussée montrant le dessin des sols. — 2. Plan du rez-de-chaussée montrant le dessin des plafonds et la disposition de l'orchestre pour les concerts.

struction modernes et que l'architecte, s'il s'inspire, dans les parties comme dans l'ensemble, dans la forme comme dans le décor, des règles que déterminent la destination de l'édifice et la nature des matériaux employés, sera original et nouveau, sans cesser d'être simple et classique : parce qu'il fera œuvre d'ordre et de raison, il fera, presque sans le vouloir, œuvre de beauté.

Un détail n'a de valeur que s'il concourt à l'utilité générale. Auguste Perret proscrit les ornements arbitraires dont les mauvais bâtisseurs se servent pour masquer la faiblesse de la structure, comme les couturières médiocres surchargent de galons et de soutaches un habit mal coupé. C'est au large usage des nus qu'on reconnaît le bon architecte.

Le ciment armé se montre la matière la plus résistante et la plus docile : non seulement il facilite certaines hardiesses qui n'auraient pas été possibles jadis, mais il se prête, sans dépense excessive, à tous les besoins de la richesse extérieure.

Ainsi la façade a reçu un revêtement de marbre, et ce marbre, blanc veiné de gris bleu, qui provient d'une carrière d'Auvergne, a été choisi pour sa beauté solide, simple et vive. Ni trop blanc, ni trop teinté, il rehausse de son éclat les parties nues, tandis que sa

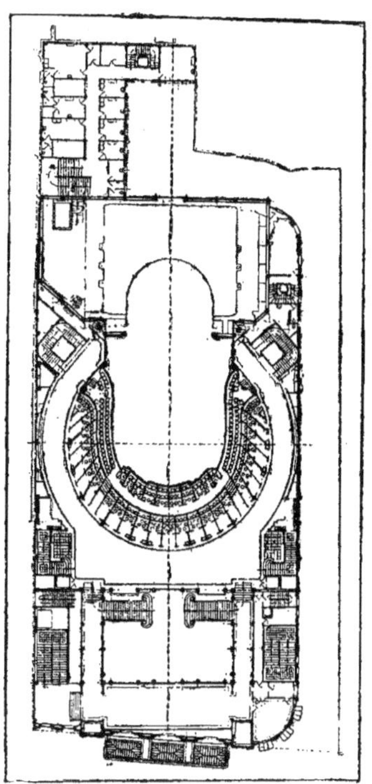

Fig. 4. — Théâtre des Champs-Elysées.
Plan du 1er étage.

souplesse anime les lignes sinueuses des figures sculptées par Antoine Bourdelle. Il a été employé aussi à l'intérieur de l'édifice, suffisant presque toujours par sa beauté propre à la parure nécessaire.

Les théoriciens intransigeants condamnent comme une hérésie cet emploi des revêtements. Ils proclament que, dans un ouvrage sainement construit, la façade doit exposer à découvert la matière de la construction. Cette doctrine, légitime et bienfaisante quand il s'agit d'un monument édifié par superposition de larges assises, ne répond plus aux procédés tout différents qu'exigent les matériaux modernes.

L'opération première, essentielle, consiste à dresser une immense carcasse qui dessine depuis les fondations jusqu'au faîte le squelette de l'édifice. Ceux qui, admis dans le chantier du Théâtre des Champs-Élysées, ont vu, à travers la futaie des échafaudages, définie par les hauts et minces poteaux, la profonde cavité circulaire de la salle, se creusant, bien au-dessous de ce qui sera le plancher de l'orchestre, jusqu'à la nappe d'eau souterraine où elle repose comme un navire à l'ancre, et le mur gigantesque, nu, où le cadre de la scène ne paraissait pas plus grand qu'une grande fenêtre, garderont le souvenir d'une vision pareille à certaines eaux-fortes de Frank Brangwyn.

Ensuite il ne reste plus qu'à remplir les cadres vides de l'armature, et il est si vrai que ce remplissage est une phase seconde de la construction, qu'on peut aussi bien commencer par le haut.

En certains cas, ce simple appareil se passe de parure ajoutée. Il en est ainsi pour les corps de bâtiment qui s'élèvent sur la cour d'arrière et qui ne sont pas destinés au public. La justesse de ses proportions et neuf étages de lucarnes carrées font le seul ornement d'une haute façade; là sont les loges d'artistes; il est impossible d'indiquer plus clairement ni plus simplement le caractère spécial de cette ruche affairée et cachée.

L'un des côtés de la cour est borné par le mur qui forme le fond de la scène. Ce mur, haut de 35 mètres, n'a que 45 centimètres d'épaisseur. Il est curieux de constater que la pratique de nouveaux procédés dans l'art de bâtir encourage des audaces qui ne sont pas sans analogie avec celles que permit à nos lointains ancêtres la découverte de l'arc en tiers-point. Comme les parois aériennes et ajourées des cathédrales, le mur sans épaisseur des frères Perret semble s'affranchir des règles qu'imposaient jadis les lois de la pesanteur. Et, les mêmes causes produisant les mêmes effets, pour maintenir ce mur dans sa rigidité, les modernes architectes adaptent à des besoins nouveaux l'invention gothique du contrefort. Mais ici le contrefort, soulignant la hardiesse de la construction dont il assure la solidité, ne s'appuie pas sur le sol. C'est une simple nervure en forme d'ac-

Théâtre des Champs-Élysées.
Dégagement promenoir des Grandes Loges
au premier étage.

colade; le renflement médian qu'elle présente est utilisé pour suspendre l'encorbellement d'une galerie couverte.

La grande salle des répétitions rappelle aussi le souvenir de certaines halles du XIIIe siècle; sa beauté nue et sans ornement est l'effet de la largeur du vaisseau, d'un généreux éclairage, de lignes simples, du juste rapport des pleins et des vides.

Dans ce qu'on aurait appelé autrefois les parties nobles de l'édifice, le béton et la brique doivent être dissimulés sous une parure plus riche. En quoi le placage de marbre serait-il plus blâmable que, par exemple, l'émail posé sur la face visible de la brique, comme dans les palais de Suse?

La construction en béton armé se prête mieux que toute autre à la pratique du revêtement. Une façade de marbre accrochée à la brique tombe fatalement au bout d'un temps plus ou moins long, par l'effet des différences de tassement. Avec le béton armé, pas de tassement, donc pas de chute. Lorsque l'architecte dispose un vêtement de marbre sur un corps de fer et de béton, il procède comme le peintre qui a dessiné avec soin une figure nue avant de l'habiller. Il importe seulement que cette parure soit un vêtement et non un masque.

C'est ainsi que l'éclat et le poli du marbre font paraître la signification des deux hauts pilastres nus qui, s'élevant tout d'une venue du sol à l'entablement, encadrent d'une façon si simple la façade du théâtre et annoncent avec clarté la structure entière de l'édifice. Ces deux pilastres sont les premiers de la double file de piliers qui forment l'armature générale, auxquels s'accrochent tous les membres de la construction, notamment les deux ponts et le plancher couvrant la salle; plancher auquel est suspendu le dais qui est à la fois un vaste appareil de ventilation, d'acoustique et d'éclairage et qui, vu d'en bas, paraît se creuser comme une coupole. Ainsi, dès le portique de la façade, sont indiqués pour qui sait voir la hauteur et le diamètre de la salle. Ici, colonnes et pilastres ne sont pas, ainsi qu'il arrive trop souvent aujourd'hui, des ornements à la fois conventionnels et superflus, suggérés par des souvenirs scolaires. Ils sont, comme dans les ouvrages des Grecs et des Romains, des organes essentiels, des soutiens de la construction. De là, au lieu d'un effet d'opulence banale, leur accent de vérité et de vie. L'impression produite s'étend à tout cet édifice où les matériaux et les procédés sont nouveaux, où pas une forme, pas un motif, pas un détail ne sont empruntés aux modèles du passé. Les pilastres de la façade n'ont pas de chapiteaux : ni leur galbe ni leurs proportions ne se réfèrent à un canon antique. Cependant, à cause de la justesse des lignes, du rapport harmonieux entre les pleins et les vides, entre les parties nues et les larges métopes sculptées par Antoine Bourdelle, cette façade a un aspect classique : sa robuste simplicité, qui n'exclut pas la richesse et donne à la sculpture sa plus haute puissance d'effet, rappelle, sans que l'architecte y ait pensé, certains arcs de triomphe romains.

Au centre, sous l'entablement, une composition qui groupe de nombreuses figures se déroule sur trois grandes dalles et forme le majestueux couronnement du frontispice : *Apollon et les Muses*. Les draperies, creusées de sillons presque parallèles, se déploient comme des ailes; les attitudes rigides ou violentes s'équilibrent, et le mouvement devient une sorte d'expression héraldique.

Sur les deux corps latéraux de la façade, cinq métopes de moindre dimension et plus rapprochées du spectateur, ne comprenant chacune que deux figures, représentent, à gauche, l'*Architecture* et la *Sculpture*, la *Musique;* à droite, la *Tragédie*, la *Comédie*, la *Danse*.

Le flanc gauche de la façade étant moins large que le flanc droit, ces métopes ne pouvaient être réparties également; il y en a deux d'un côté et trois de l'autre. Bourdelle fut conduit par cette disposition matérielle à réunir sur la même plaque l'*Architecture* et la *Sculpture*. Son propre exemple donne un sens à cette rencontre qui aurait pu paraître fortuite. Ici, en effet, la sculpture fait vraiment corps avec l'architecture et cette union n'est pas moins profitable à l'une qu'à l'autre.

Ceux mêmes qui n'aiment pas également toutes les productions de ce grand artiste et qui regrettent parfois chez lui une sorte d'esthéticisme archaïsant, ne peuvent être insensibles ni à l'abondance ni au tour pittoresque ou sentimental de son imagination. Ici, on peut s'étonner que, dans la grande métope centrale, l'Apollon assis soit traité avec une rudesse qui, dans son archaïsme un peu teinté d'esprit de système, renchérit sur les plus anciennes des métopes de Sélinonte. Ce génie ailé qui se trouve à côté du dieu représente-t-il une émanation de sa volonté? Cette idée semblerait plus wagnérienne que grecque. Peut-être se justifie-t-elle, en effet, aux yeux de l'artiste par la place que l'œuvre de Richard Wagner doit occuper dans le répertoire d'un théâtre consacré aux plus belles créations de la musique. Quoi qu'il en soit, il faut proclamer l'éminente vertu

B. — La Danse.

A. — La Comédie.

Façade du Théâtre des Champs-Élysées.
Bas-reliefs d'Antoine Bourdelle.

décorative de ces sculptures, notamment quand elles ne dépassent pas des dimensions modérées, comme c'est le cas pour les cinq admirables métopes des bas-côtés. Bourdelle a le don essentiel, celui de remplir par d'heureuses combinaisons de lignes un cadre donné, tandis qu'il obtient un effet de couleur par la juste proportion des saillies et la distribution des ombres.

Dans le Théâtre même des Champs-Élysées, un autre concours lui fut demandé, moins attendu de ceux qui ne savaient pas que, comme son illustre devancier Carpeaux, ce sculpteur a toujours aimé et pratiqué la peinture. Passant avec entrain d'un art à un autre, Antoine Bourdelle a illustré de fresques les galeries du péristyle.

*
* *

L'invention de ce péristyle intérieur, spacieux sans viser au grandiose, fait honneur à l'intelligence et au goût d'Auguste Perret. L'architecte n'a pas craint la nudité ni la blancheur. Mais tout est si agréable à l'œil et à l'esprit dans les lignes de l'architecture, que, sans ornementation accessoire, une logique aisée et mesurée suffit à nous enchanter. Le plafond, d'une blancheur uniforme, se compose de simples caissons rectangulaires, qui sont les cadres visibles de l'armature. Ces caissons contiennent les foyers de lumière qui servent à l'éclairage. Nous voyons encore ici l'heureux effet d'un principe auquel s'attache Auguste Perret : le décor est fourni soit par un organe de la construction, soit par un appareil d'utilité. La lumière anime, creuse, colore et, pour ainsi dire, spiritualise ce plafond. Un dallage de marbre couvre le sol : des bandes de pierre y répètent les compartiments du soffite. La symétrie observée dans toutes les dispositions de ce vestibule, la blancheur des marbres, la sveltesse des colonnes, invitent à des impressions de gravité et de pureté classiques; et l'on s'étonne de penser aux Propylées de Mnesiclès, quand on s'aperçoit que les colonnes d'Auguste Perret n'ont rien qui ressemble aux modèles antiques; elles n'ont ni chapiteau, ni base, ni cannelures, et le rapport de leur diamètre à leur hauteur est presque double de celui que les Anciens ont admis à l'époque où ils cherchaient les proportions les plus élancées.

Il ne faut pas croire qu'un vain désir d'inédit ait dépouillé ces colonnes des formes et des ornements traditionnels. Le chapiteau et la base sont des éléments naturels de la colonne dans une construction par assises. Avec le ciment armé, ils n'ont plus raison d'être. La colonne ne supporte plus le poids de l'architrave : elle est un pilier qui part des fondations et s'élève, à travers les étages, jusqu'au faîte. Elle est, comme dans un échafaudage, le poteau vertical que croise une poutre horizontale. Les colonnes du péristyle ont leur véritable base dans le sous-sol de l'édifice; elles traversent le plafond pour former l'armature du théâtre de comédie. A la place du chapiteau, Perret a noué une moulure en forme de lien, qui marque l'arrêt du fût à la hauteur du soffite. Une faible dépression dans le dallage remplace la base. Ces deux détails n'ont rien d'arbitraire. L'un et l'autre sont les signes de la fonction réelle que remplit la colonne : la cuvette de base fait sentir que le fût s'enfonce sous le sol de la salle, et c'est, il me semble, une jolie invention que ce lien rappelant la corde qui assujettit les deux poutres croisées d'un échafaudage. Ainsi la nouveauté s'impose à notre esprit par la logique et nos yeux l'acceptent avec un plaisir aisé. On comprend alors que ce qui est grec ici, c'est l'emploi raisonné des moyens que l'état actuel de l'industrie met à la disposition de l'architecte; c'est aussi ce sens des proportions qui permet d'obtenir un effet de grandeur dans un espace restreint et qui à la grandeur même garde la grâce subtile de la mesure.

Si la prédominance des lignes droites et verticales annonce la noblesse de l'art auquel le monument est dédié et prépare les esprits à l'attention que réclament les chefs-d'œuvre, on ne nous laisse pas oublier qu'un théâtre est un lieu de réunion mondaine. Une trop grande sévérité serait hors de propos. Deux escaliers, dont la pente est très douce, font un geste d'accueil. L'inclinaison en est accusée par le dessin même de la rampe, fait de palmes stylisées. Ce motif très simple et très heureusement choisi, qui engendre de nombreuses variantes d'échelle ou de forme, est en quelque sorte le *leitmotiv* ornemental de la décoration intérieure, dont il maintient l'unité.

Les escaliers conduisent au large couloir circulaire sur lequel s'ouvrent les loges du premier étage. Du palier qui marque le retour d'angle de chaque escalier se détache une galerie en balcon qui règne sur trois côtés du péristyle, à mi-hauteur des colonnes. Là, les cadres de la construction

A. — Léda.

B. — Léda.
Fresques d'Antoine Bourdelle.
Péristyle du Théâtre des Champs-Élysées.

présentent dix grands panneaux et deux petits, qui appellent naturellement la peinture.

Non content de se faire peintre, Antoine Bourdelle a voulu, pour l'office qu'il avait ici à remplir, apprendre le métier longtemps délaissé de la fresque. Il n'est pas impossible que les procédés modernes de construction favorisent la renaissance d'une technique supérieure à toute autre pour la décoration murale. Les peintres n'allégueront plus la difficulté ni la fatigue de travailler, au milieu des maçons, sur le mur lui-même. Grâce au ciment armé, le mur viendra chez eux, du moins quand la surface à décorer pourra se diviser en cadres transportables. C'est dans son atelier qu'Antoine Bourdelle étendit le mortier frais sur les panneaux de ciment que lui envoyait l'architecte.

Parmi les marbres et les stucs de ce péristyle, où, sauf le fer forgé de la rampe, qui est bien aussi un élément de la construction, rien n'apparaît que les matières propres de l'architecture et où l'on n'aperçoit ni un meuble de bois ni une étoffe, la peinture à l'huile convenait mal, à cause de son aspect gras, lourd, luisant et de sa vive polychromie. La fresque s'incorpore au mur, elle en laisse voir et sentir la matière, tandis qu'elle s'accommode de la palette la plus simple.

Sans vouloir comparer Antoine Bourdelle à Polygnote, le peu que nous savons de la peinture murale chez les Grecs nous permet d'imaginer que, sous les portiques d'Athènes et de Delphes, la disposition des panneaux réservés aux ouvrages des peintres n'était pas très différente de ce que nous trouvons ici ; le coloris des peintures qui décoraient le Pœcile ou la Lesché ne s'éloignait sans doute pas beaucoup du ton de chaude grisaille judicieusement adopté par notre fresquiste moderne.

Il était raisonnable qu'Antoine Bourdelle se tournât plutôt vers l'Antiquité que vers la Renaissance italienne, puisque, sous ce titre général, les *Thèmes éternels*, il se proposait de dire à sa manière l'émotion que la pensée des Anciens éveille, après des milliers d'années, dans l'âme d'un artiste. Les compositions forment deux groupes, chacun ayant sa couleur particulière, plus grecque ou plus biblique. Mais, malgré le souci d'un partage équitable entre les deux sources inépuisables de notre poésie et de nos arts, je ne suis pas sûr que le courant hellénique ne l'emporte pas sur l'autre. Les vieilles légendes où l'on voit tour à tour des fables, des images, des pensées, de la grâce, de la magnificence, de la subtilité, de la profondeur, et toujours de la beauté, se prêtent et se prêteront longtemps encore aux versions que chaque siècle colore ou dispose à son gré. Bourdelle les a transcrites avec son accent propre qui combine un romantisme instinctif avec une âpreté volontaire et un archaïsme réfléchi. Il y a du bouillonnement dans l'imagination d'Antoine Bourdelle, et le bouillonnement risque, en certains cas, de produire quelque confusion; mais la fougue favorise l'improvisation que demande le métier de la fresque. *Psyché, Léda, Ganymède, Pégase apportant la lyre au génie humain, le Dernier Centaure éducateur de l'humanité :* entre les fictions merveilleuses de la mythologie, on dirait que l'artiste moderne a été spécialement attiré par celles qui mêlent les hommes aux dieux, célèbrent l'effort, parfois la récompense, montrent comment les hommes s'héroïsent, comment les dieux s'humanisent, par quels intermédiaires mystérieux l'animalité s'associe à l'esprit et la terre se relie au ciel.

Pour se rendre compte du travail heureux et joyeux d'où sont sorties ces fresques, il était bon d'ouvrir le carton où cent feuillets de fraîches aquarelles gardaient les confidences jaillissantes de l'inspiration. Une forte impression accidentelle — le souvenir d'une attitude de la danseuse Isadora Duncan — suggère l'idée d'une figure dont le geste fatidique semble ouvrir les portes d'un monde. Isadora apparaissant entre les deux pans d'un rideau dont elle écarte les plis avant d'entrer en scène, devient la Pythonisse debout entre deux rocs inclinés, au seuil de l'antre corycien.

La décoration du péristyle se complète et se prolonge dans le large couloir qui entoure le mur de la salle. Un étroit bandeau surmonte les portes des loges. Empruntant ses sujets au même trésor légendaire, se jouant de la difficulté que présente le cadre à remplir, Bourdelle chante les *Temps fabuleux* et déroule une course héroïque dont le mouvement semble suivre la courbe de l'architecture, tandis que le ton de la fresque, s'harmonisant avec la couleur claire du bois d'aulne dont les portes sont faites et avec la palme discrètement dorée qui sert de grillage aux lucarnes de ces portes, annonce, par une transition subtile, le passage du marbre et de la blancheur du péristyle à l'atmosphère plus chaude des loges et de la salle.

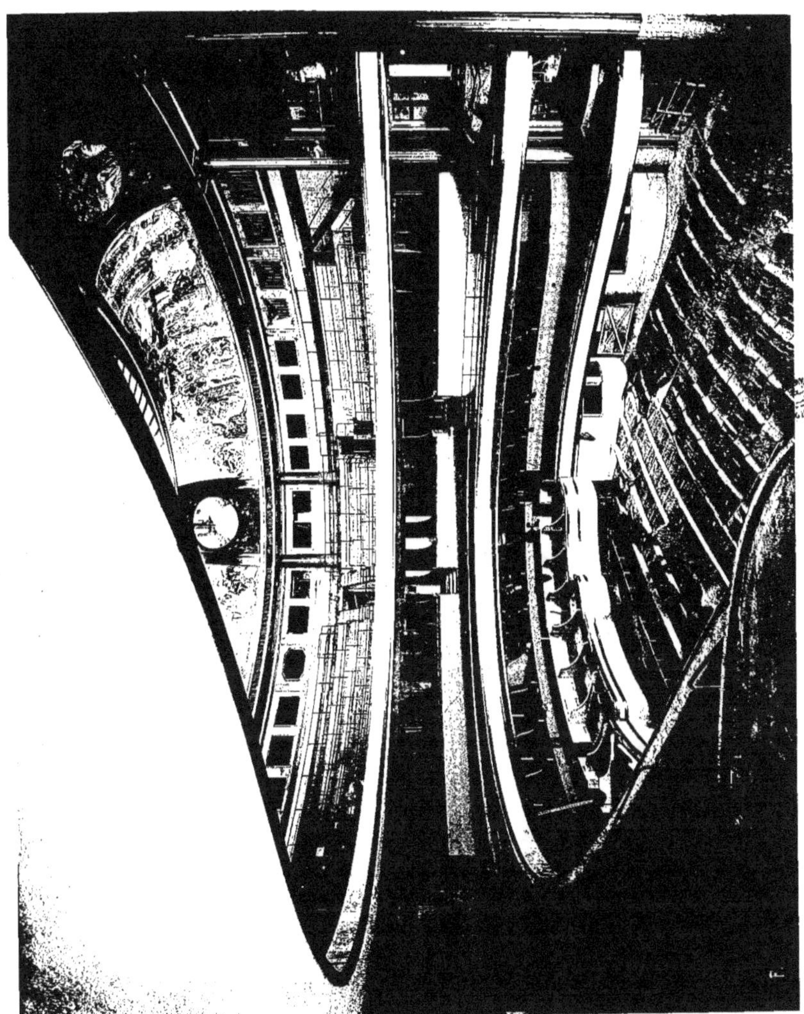

Théâtre des Champs-Élysées.
Grande salle.

* * *

La salle est une rotonde parfaite. Ce qu'on appellerait ailleurs la coupole est ici un dais suspendu au plancher en béton armé par des aiguilles pendantes. C'est un grand appareil d'éclairage et de ventilation, c'est une surface éminemment acoustique par sa forme et par sa matière. Les frères Perret ont pu le réaliser en staff d'une épaisseur minime (20 à 25 millimètres). Son centre s'ouvre à une verrière lumineuse que maintient un bouclier rayonnant de fer forgé. La partie inférieure de la courbe forme une large frise circulaire où Maurice Denis a peint l'*Histoire de la Musique*. Un développement ininterrompu aurait fatigué le regard et l'attention ; les repos nécessaires sont marqués par les quatre couples de pilastres qui sont les points d'appui apparents de la structure et soutiennent la coupole. Ainsi la frise se trouve distribuée en quatre grands panneaux alternant avec quatre médaillons ; et le partage est si logique et si naturel qu'il n'a pas besoin d'être souligné par un artifice. Des nervures prolongent les pilastres ; mais leur relief est presque insensible. La courbe de la coupole appartient à la couleur : la peinture suit les divisions de l'architecture ; mais elle les exprime à sa manière. De trop fortes saillies auraient risqué de rompre le charme de l'atmosphère idéale créée par Maurice Denis, de cette atmosphère élyséenne où la lumière règne, où les ombres sont légères, où les corps, dont le poids ne se fait pas sentir, sont des formes revêtues de couleurs glorieuses. C'est le peintre qui tire parti du terrain que lui a préparé l'architecte en accusant les divisions de la frise par la forme ronde donnée aux petits panneaux, par leur grisaille opposée à la polychromie des grands panneaux ; c'est lui, enfin qui manie la dorure, mais avec les moyens propres à son art, pour circonscrire le champ de ces médaillons.

Avec ses quatre grands panneaux et ses quatre médaillons, la frise du Théâtre des Champs-Élysées était l'œuvre la plus considérable que son auteur eût jusqu'alors entreprise. C'était aussi la plus complète. Maurice Denis y mit à profit toutes ses acquisitions de peintre ; des idées qu'il avait essayées ailleurs reçoivent ici leur parfait développement. Tel, par exemple, l'admirable paysage de la *Symphonie*, cette colonnade de troncs clairs et lisses dressée sur un gazon fleuri et devant laquelle s'assemblent des figures héroïques, aussi droites, aussi pures et aussi claires. Sous des vocables différents et pour illustrer des affabulations différentes, cette poésie du printemps dans la forêt avait inspiré maint ouvrage délicieux avant d'aboutir à ce chef-d'œuvre.

Aidé peut-être par les conseils d'un illustre musicien qui aime son art en artiste et en philosophe, Maurice Denis a construit son sujet sur une armature d'idées dont la valeur psychologique et historique s'impose à notre respect. Puis, dans les ressources de son imagination, il a trouvé sans effort les équivalents plastiques de ces idées abstraites.

En même temps que les formes principales de la Musique, les quatre grands panneaux représentent les étapes successives de son histoire. D'abord, c'est la *Danse* et c'est Apollon, c'est-à-dire aussi le Chant, et c'est la Grèce. Puis vient la *Symphonie*, fondant ensemble les voix du cœur de l'homme et celles de la nature; et c'est le triomphe de Bach et de Beethoven. Les deux autres panneaux glorifient les deux formes principales qui se sont succédé au théâtre : l'*Opéra* et le *Drame lyrique*. Dans un décor inspiré des architectures et des statues de Versailles, passent les princesses et les héros de Lulli, de Rameau, de Mozart et de Gluck. Puis, menant l'évolution de la musique jusqu'à nos jours, c'est le triomphe de Wagner. Tous ceux qui viennent après lui portent la marque plus ou moins profonde de son génie. Sans oublier Tristan, ni la Walkyrie, ni Siegfried, notre grand peintre, pénétré de spiritualité religieuse, s'est plu à faire converger les regards de tout un siècle vers le geste liturgique de Parsifal, élevant des deux mains au-dessus de sa tête le saint Graal.

Quant aux quatre médaillons en camaïeu qui, dans cette frise circulaire, marquent si heureusement à la peinture ses repos, ils remplissent une fonction analogue pour la pensée. L'*Orchestre*, le *Chœur*, l'*Orgue*, la *Sonate* nous montrent en action les moyens techniques de l'art musical.

*
* *

Au-dessous du dais, un attique percé d'ouvertures grillées a le double avantage de présenter à découvert le mur de la salle et de ménager, par

Théâtre des Champs-Élysées.
Grande salle.
Le Cadre de la scène.

ses marbres et ses ors, un cadre d'isolement à la peinture, qui évite ainsi le voisinage immédiat des tentures rouges.

Partout, d'ailleurs, la forme et la structure de la salle restent visibles et intelligibles. Grâce à l'emploi du ciment armé, les étages de balcons s'accrochent au mur lui-même et s'avancent en porte à faux de 7 ou 8 mètres, sans le secours de ces colonnes qui, dans d'autres théâtres, alourdissent la construction, masquent la forme et creusent des trous d'ombre. Rien n'altère l'effet des lignes; rien ne diminue la grandeur du plan; rien ne dissimule la capacité entière du vaisseau.

Tant qu'un théâtre n'a pas été soumis à l'épreuve des représentations, on ne saurait parler avec assurance de ses qualités acoustiques. Auguste Perret, cependant, avait confiance dans ses prévisions et comptait beaucoup sur la disposition de la salle, telle qu'elle résultait du plan de l'architecte et de l'emploi du béton armé. L'événement lui a donné raison. Au lieu d'être engouffré, étranglé, répercuté dans les anfractuosités et cavernes que produisent ailleurs les colonnades avancées, le son se propage en nappes régulières jusqu'au mur du fond. Ce mur a été soigneusement tapissé ou perforé (loges grillées de l'attique), afin d'éviter la résonance; car une salle doit être sonore, mais ne doit pas résonner. De plus, Auguste Perret, voulant supprimer les foyers possibles de son dans le public, a donné à la coupole la forme d'un tore et non d'une sphère. En somme, la salle des Champs-Élysées ressemble beaucoup aux amphithéâtres grecs et romains qui, même en ruines, nous étonnent encore aujourd'hui par la perfection de leur acoustique.

Auguste Perret est un dessinateur passionné, non pas seulement dans son cabinet et le crayon à la main, comme plusieurs de ses confrères, mais sur le terrain et dans la matière domptée. C'est par la logique et la géométrie qu'il arrive à la beauté. Dans la salle, les lignes, dont le contour a été attentivement étudié, dérivent de deux types générateurs : la lyre et la palme. Ceux qui prendront la peine de découvrir les intentions de ce choix seront récompensés par le plaisir d'un discret symbolisme. Sans doute, il n'est pas nécessaire de savoir que le balcon du premier étage a la forme d'une lyre pour goûter l'élégance, la simplicité, la pureté de ce contour et l'harmonie que font ces courbes, tantôt étirées, tantôt renflées, avec le cercle parfait où elles s'inscrivent. C'est aussi la figure schématique d'une lyre que dessinent sur le plan incliné du parterre les chemins de dégagement qui circulent à travers les fauteuils d'orchestre. La palme, qu'on a déjà rencontrée sur la rampe des escaliers et aux portes du couloir, inspire le profil des cloisons qui séparent les loges, le motif du damas rouge dont la salle est tendue et l'arabesque des grilles qui ferment les lucarnes de l'attique : ses volutes et ses aigrettes diversement infléchies décorent le bandeau horizontal qui est à la fois l'anneau de base de la coupole et l'appareil assurant la ventilation de la salle, servent de chapiteaux aux pilastres sur lesquels s'appuie ce bandeau, enfin entourent le bouclier lumineux du plafond. Sans analyser ses impressions, le spectateur ne pourra s'empêcher de sentir ce que vaut une telle recherche et quel esprit d'unité elle imprime à l'œuvre entière.

Le raisonnement et le goût condamnent ces écussons, ces cartouches surdorés, ces guirlandes massives, ces sculptures aux reliefs menaçants, ces draperies agitées, ces caryatides démesurées, que Charles Garnier et ses imitateurs prodiguèrent. Sous prétexte de luxe, cet excès de saillies et de dorures est contraire à la véritable élégance comme à la logique. Dans la salle de l'Opéra, rien ne brille parce que tout brille, aucun relief ne s'accuse parce que tout est en relief, et les femmes, qui doivent être la parure d'un théâtre, savent que ni leur beauté, ni leurs diamants, ni leur toilette ne paraissent à leur avantage dans un lieu où la lumière n'est pas moins écrasante que la dorure. Les seules parties de la salle qui appellent une décoration peinte, sculptée ou dorée sont celles où le public n'a pas accès, c'est-à-dire la coupole et le cadre de la scène. Le piédestal d'une statue ne doit pas être chargé d'ornements. Le balcon d'un théâtre est comme le long et sinueux piédestal qui supporte un peuple de brillantes et vivantes statues. Il sera donc uni et nu, demandant sa richesse à la matière et son élégance à la forme. Une charmante vue perspective de la salle, dessinée par Auguste Perret et gouachée par Maurice Denis, nous fait connaître un premier projet qui admettait quelques arabesques dorées de faible relief sur le rebord des balcons. Au risque d'être taxé de froideur par un public habitué à l'ornementation exubérante de nos théâtres, Auguste Perret renonça même à ce sobre décor, et j'estime qu'il n'a pas lieu de s'en repentir. Le rebord des balcons est un simple bandeau nu que revêt un placage de marbre entre deux listels dorés. Mieux qu'aucun autre moyen n'aurait pu le faire, cette nudité met en valeur la grâce des lignes et les élégances du public.

La Danse. — L'Opéra. -- Le Drame lyrique.
Peintures de Maurice Denis (Maquettes).
Plafond du Théâtre des Champs-Élysées.

Ph. Druet, Paris.

Il faut se féliciter qu'un artiste, dont le goût est naturellement sévère et dont l'esprit est attiré par les problèmes les plus élevés de son art, n'ait pas dédaigné ces convenances mondaines. Un théâtre où l'on doit représenter les chefs-d'œuvre de Gluck, de Mozart, de Beethoven, de Wagner est sans doute dédié à l'art; mais il l'est aussi au plaisir et à la commodité du public (1).

On a donc trouvé bon de ménager une sorte de salon de repos où une femme pourra en sécurité rectifier quelque désordre de sa toilette. On a utilisé l'espace que le plan fortement incliné du parterre laisse vide sous les loges de face. Ce Salon des Dames a seulement deux portes latérales, afin que le tambour de la salle présente aux yeux un mur plein dans l'axe du péristyle. Au-dessous, les hommes trouveront un Bar-fumoir. Ces deux pièces sont très simples. Cependant les proportions en ont été soigneusement étudiées. Sem a composé en style d'affiches des panneaux humoristiques pour le bar. Pour le Salon des Dames, Henri Lebasque, dans une longue frise et plusieurs médaillons, a décrit les phases de la toilette féminine et montré les ébats de nymphes modernes sur des rivages lumineux et fleuris.

C'est aussi la pente du parterre qui inspira une jolie et pittoresque invention dans le couloir du rez-de-chaussée. Pour rattraper une différence de niveau, l'architecte a établi devant un groupe de baignoires une étroite et longue plate-forme qui n'est séparée du couloir en contre-bas que par une légère balustrade. Il s'est plu à prévoir l'agréable effet que produirait une femme parée, lorsque, sortant de sa loge, elle apparaîtrait aux promeneurs du couloir comme si elle était montée sur un piédestal.

Les femmes devraient encore le remercier d'avoir agencé l'éclairage de la salle au mieux de leur agrément et de leur coquetterie. Mais les peintures de Maurice Denis participent aussi à ce bienfait de la lumière.

Qui sait si une conception judicieuse et philosophique de la mondanité ne contribua pas, avec des raisons prépondérantes d'esthétique, à déterminer la forme même de la salle? Auguste Perret n'ignorait pas que certains amateurs de nouveauté, qui vont, il est vrai, chercher de préférence cette nouveauté hors de nos frontières, auraient volontiers accueilli l'essai

---

(1) Ces raisons n'ont-elles pas pris plus d'importance encore depuis que le malheur des temps substitua comme souveraine de ce beau théâtre à la déesse de la musique la fée équivoque du music-hall?

d'une grande salle carrée. Si l'on prend le parti de supprimer les gradins sur les côtés et si la pente du parterre est suffisante, tous les spectateurs, dans une salle ainsi disposée, ont, il faut le reconnaître, une vue égale et complète de la scène. Mais un théâtre n'est pas une salle de conférences. Le spectacle qu'on vient voir est sur la scène; mais il y en a un aussi dans la salle. Le plaisir du théâtre est collectif autant qu'individuel : il serait gâté, en France du moins, pour les femmes et pour une bonne partie des hommes, si l'on abolissait les meilleures chances de se montrer et d'être vu. La forme ronde, qui est la seule forme esthétiquement acceptable pour une salle de vastes dimensions, est aussi la seule qui favorise ces curiosités et ces jeux du regard : le cercle est la figure géométrique de la sociabilité. Cette considération n'est pas aussi futile qu'elle peut le paraître. La même sociabilité qui engage des hommes et des femmes à se parer pour se réunir dans une salle de théâtre, fait aussi que les émotions venues de la scène se propagent mieux parmi une foule assemblée de façon à ne se perdre ni de contact ni de vue.

On s'est préoccupé enfin de satisfaire les spectateurs en leur donnant des sièges confortables et surtout des sièges d'où ils pourront voir les acteurs. L'architecte a été ainsi conduit à supprimer les loges d'avant-scène et un assez grand nombre de fauteuils sur les deux côtés du parterre, à chercher une orientation nouvelle des baignoires et loges latérales, enfin à laisser un large espace vide entre la salle et la scène. Par une juste récompense, l'esthétique y gagne autant que la commodité.

Le cadre de la scène, ainsi isolé, mérite, je crois, de servir d'exemple. C'est un portail simple et solennel (1), dont les lignes et les proportions répondent aux lignes et aux proportions de la façade. Deux parois de marbre uni, que le voisinage des tentures rouges et des dorures nuance d'une belle teinte verte, se coupent à angle droit et s'élèvent sans moulures jusqu'à l'architrave. Ces lignes droites s'agencent aisément avec la circonférence de la rotonde et la courbe de la coupole. Il n'est pas besoin d'un couronnement sculpté. Le vrai couronnement, c'est la noble peinture où Maurice Denis groupe les Grâces et les Nymphes dansantes autour

---

(1) Bien entendu, il est débarrassé de ces loges de scène, misérables baraques, qui encombrent la plupart des théâtres.

Ph. Druet, Paris.

Ph. Librairie de France, Paris.

La Symphonie. — Le Chœur.
Peintures de Maurice Denis.
Plafond du Théâtre des Champs-Élysées.

du temple d'Apollon. Au-dessous de cette frise qu'emplit un rythme noble et joyeux, le bandeau circulaire de l'attique déroule son alternance de marbres et d'ouvertures sombres où brille l'or des entrelacs. Enfin une ingénieuse disposition des orgues, divisées en trois masses, fournit un décor non moins original que logique. Tandis que leurs cannelures rehaussées d'or descendent en cul-de-lampe au retour d'angle des parois verticales, elles dessinent au centre une gigantesque flûte de Pan. De part et d'autre de ce motif, qui apparaît au milieu du fronton comme le blason de la musique, deux bas-reliefs de Maurice Denis insèrent dans le marbre leurs reliefs délicats et dorés. Ainsi, tandis que le péristyle du théâtre nous montre comment un sculpteur peint des fresques, le même monument offre au public des sculptures composées par un peintre.

Maurice Denis n'a d'ailleurs pas la prétention d'être un praticien : il se contenta de modeler en cire des maquettes qui, sous sa surveillance, furent ensuite exécutées à la grandeur convenable par M. Guino, élève de Maillol. Averti par un instinct de peintre, il s'est gardé de mettre des saillies trop fortes sur la nudité voulue du marbre. Par leur dorure, par leurs méplats atténués, semblables à ceux qu'emploient de préférence les graveurs en médailles, ces bas-reliefs sont un moyen d'expression intermédiaire entre la peinture et la sculpture. Ils établissent un lien avec la décoration peinte. Ils complètent une gradation habilement mesurée qui va de la surface plane au relief et dont les deux premiers termes sont les quatre grands panneaux où la répartition des masses colorées a autant de valeur expressive que la composition linéaire, et les médaillons en grisaille qu'encadrent des arabesques dorées.

Des enfants vêtus de longues robes légères dansent en chantant, conduits pas un coryphée. Les mouvements symétriques des jeunes danseurs qui se tiennent par la main ont une grâce paisible et décente. Groupés autour de celui qui porte le livre ouvert, les jeunes chanteurs unissent à la louange de Dieu leurs cœurs et leurs voix. En un temps où le concept de l'originalité est faussé chez la plupart des artistes par l'ambition de ne rien devoir à personne, il est presque méritoire de n'avoir pas cherché à déguiser le souvenir d'une œuvre célèbre. Maurice Denis se savait capable d'adapter ce souvenir à sa sensibilité. Luca della Robbia lui-même ne croyait-il pas imiter les sarcophages romains ? Tout semblables qu'ils soient à des enfants pieux dirigés par un maître de chapelle,

les jeunes chanteurs du peintre moderne semblent pourtant plus près de
l'Antiquité que de la Renaissance italienne. Par leurs sujets, ces deux
bas-reliefs se rattachent à l'idée que le chant et la danse sont les origines
de la musique, idée initiale de toute la décoration imaginée par Maurice
Denis.

* *
*

Dans un grand théâtre lyrique, il est une partie qui n'est ni réguliè-
rement ouverte, ni rigoureusement fermée au public et dont le nom a
un prestige mystérieux et traditionnel. C'est le Foyer de la Danse. Ici,
il s'annexe au plan général, comme une sorte de région neutre entre la
salle et la scène, entre le domaine du public et celui des acteurs. Non moins
que sa place, son aspect fait comprendre qu'il participe de deux légis
lations différentes. On s'est attaché surtout à lui donner les proportions
et la simplicité qui conviennent à une salle d'études. Mais puisque, à
certaines heures, le Foyer de la Danse accueille des visiteurs privilégiés,
il est légitime qu'on lui accorde une parure : ce fut à Mme Marval qu'on
la demanda.

Dix panneaux ou dessus de portes se developpent autour de la salle.
Il n'est plus question ici de marbre, ni même de boiseries : les tons frais
et les harmonies bleutées de la peinture s'harmonisent avec une tenture
familière et gaie, semée de tulipes jaunes et rouges. Mme Marval, qui a
pris pour thème *Daphnis et Chloé*, ne s'est pas proposé d'illustrer le roman
de Longus : on peut même douter qu'elle l'ait relu avant de se mettre
à l'œuvre. C'est sur un souvenir enchanté, et pourtant un peu vague,
du livre célèbre qu'elle a composé une suite d'images pleines d'une joie
naïve et d'une malice innocente. On aime qu'une femme ne se guinde
pas pour acquérir des qualités qui ne sont pas celles de son sexe; Mme Marval est doublement femme dans sa peinture, car elle est une femme-en-
fant. Mais, comme elle est aussi une véritable artiste, elle est capable de
faire effort pour amender les défauts qu'on lui a souvent reprochés. S'il
y a encore ici des incorrections, il n'y en a plus guère; en tout cas, il n'y
en a pas assez pour nous gâter une fantaisie narrative qui nous tient sous
le charme et un goût de couleur qui est bien féminin : au milieu d'har-

monies douces et tendres, des notes piquées font l'effet d'une fleur vivement colorée ou d'un ruban imprévu sur un chapeau de jardin.

En déroulant les heures de la journée, Mme Marval nous raconte les jeux, les joies et les émois de Daphnis et de Chloé. La lumière matinale éclaire leurs jeunes années. Mais, quand vient la nuit, si Daphnis est un bel adolescent, robuste et fin, aux cheveux blonds bouclés, si la grâce et les formes de Chloé sont presque celles d'une femme, les puérils amants sont aussi heureux et ne sont guère moins ignorants qu'au jour où Daphnis, petit garçon de six ans, se démène, sous prétexte de lui apprendre à danser, devant un gros bébé tout rond et tout rose, qui est Chloé, et qui tend sa petite jambe, raide comme celle d'un poussin. Leur plaisir est de se promener ensemble, de se baigner ensemble, de se reposer ensemble. Quand Chloé quitte sa robe blanche à pois bleus pour descendre dans la rivière, Daphnis s'occupe attentivement à suspendre un collier de roses rouges au cou d'un grand chien de berger, pacifique et patient. Nue encore, après son bain, Chloé s'allonge sur un tertre de gazon; elle caresse un agneau blanc, tandis que, gentiment assis à ses pieds, Daphnis joue de la flûte. Lorsque la chaleur de midi conseille la sieste, ils se couchent presque nus dans l'herbe et dorment chastement, parallèlement. C'est un pur baiser d'enfant qu'ils échangent sous le grand chapeau de paille qui abrite les joues fraîches de Chloé. Çà et là, des rondes endiablées de fillettes roses ou bleues traversent une pelouse. Les deux derniers tableaux nous montrent Daphnis s'exerçant à tourner sur la pointe de ses orteils, devant un cercle de petites filles qui l'admire, et Chloé dansant à la lueur de la lune.

Cependant il faut avouer que, dans ce Foyer de la Danse, la danse est peu représentée. Mais pourquoi offrir aux occupants ordinaires de cette salle des copies plus ou moins fidèles de leurs exercices quotidiens? Au lieu de mettre des danseuses peintes sous les yeux des danseuses véritables, n'était-il pas plus joli et aussi légitime de composer une pastorale qui serait comme le scénario en couleurs d'un ballet? Il n'est même pas impossible de découvrir dans cet aimable décor une intention morale. Puisque, dit-on, des vieillards, qui croient que l'argent leur attribue des droits et des mérites, viennent ici en conquérants, ces murs les avertiront que la nature ne se plaît à unir que la jeunesse avec la jeunesse.

*
* *

Pour le Théâtre de Comédie, la forme rectangulaire n'avait pas d'inconvénients. Sans être exiguë, la salle est de dimensions restreintes. Ce
cadre intime est propre à faire valoir certaines demi-teintes et nuances
du répertoire moderne : on peut croire qu'il ne serait pas moins favorable
aux chefs-d'œuvre classiques : Marivaux, Molière lui-même y gagneraient
autant que Musset. Un vaste théâtre est inutile, sinon nuisible, aux ouvrages dramatiques dont la mise en scène n'exige ni une nombreuse figuration, ni un large déploiement de décor. Plusieurs de ces ouvrages furent
joués au Château, devant le Roi. Par son élégante intimité, la Comédie des
Champs-Élysées nous rend, autant qu'il est possible en un temps où il
n'y a plus de roi, la tradition des théâtres de cour.

La salle est carrée; mais, de même que, dans une chambre de noble
et régulière architecture, la disposition des meubles et des sièges introduit une fantaisie accueillante et gracieuse, ainsi, dans le rectangle de la
salle, les contours des balcons dessinent des courbes aimables. Cette
conception de mondanité intime se traduit également par la décoration
du théâtre et par celle de la galerie attenante. Des boiseries grises à filet
d'or remplacent le marbre. La peinture a une place et une fonction différentes de celles qui lui appartiennent dans la vaste salle du Théâtre de
Musique. Le plafond est une coupole de lumière inscrite dans un carré;
de larges palmes dorées remplissent les quatre angles, tandis que de petites
palmes, légères et semées sur la concavité de la coupole selon une ingénieuse perspective, semblent voler et tournoyer dans l'atmosphère lumineuse dont elles augmentent aux yeux la profondeur. C'est pendant
les entr'actes que la peinture s'offre opportunément à l'attention des
spectateurs.

La *Fête en l'honneur de Dionysos* que K.-X. Roussel a représentée sur
le rideau, dans une riche bordure de pampres, mérite sans conteste le nom
de peinture décorative; mais elle ne vise pas à la décoration monumentale.
L'acte terminé, le quatrième côté du rectangle est rendu à la salle par le
baisser du rideau, qui apparaît comme un mur que couvre, à la façon d'une
tapisserie, un grand tableau. Roussel a très habilement, et avec un goût

A. — Théâtre des Champs-Élysées.
Galerie au premier étage du péristyle.

B. — Théâtre des Champs-Élysées.
Dégagement promenoir des fauteuils d'orchestre
au rez-de-chaussée.

A. — Théâtre des Champs-Élysées.
Plafond de la grande salle.

B. — Théâtre des Champs-Élysées.
Salle de Comédie.

original, mesuré la part de réalité directe que comporte une peinture ainsi exposée. Les troncs droits des grands arbres, semblables à des colonnes chargées de feuillages, encadrent la mer bleue et le cap où s'étage une ville avec ses temples; leurs lignes fermes et solides se relient à l'architecture de la salle. Le caractère décoratif de l'œuvre étant ainsi assuré, Roussel n'a pas craint de donner à sa peinture presque tous les agréments de ton et de touche qu'admet un tableau.

Le beau paysage, noble et vrai, où la tradition française de Poussin et de Corot est parée de couleurs nouvelles, s'anime de ces « jeux rustiques et divins » par lesquels le peintre, qui est un poète bucolique, traduit ingénument son amour de la nature. Les nymphes des bois, les enfants qui chevauchent des panthères, les couples amoureux des faunes et des ménades, les jeunes bergers dont les jambes sont aussi agiles que celles de leurs chèvres familières, ne sont pas pour lui de froides et conventionnelles allégories : pour lui, comme pour les Grecs, leur vie imaginaire a autant de vérité que le robuste effort des arbres, les souples embrassements des branches, la nonchalance des collines ou la grâce fluide des fontaines. Si le peintre communique à nos yeux le plaisir qu'il prend à teindre de rouge joyeux ou de rose vif les draperies qui s'agitent parmi les verdures dorées, tandis que le soleil allonge les ombres sous les pas des danseurs, le poète ne persuade pas moins aisément notre esprit : l'emblème qu'il propose à la comédie, en rappelant les origines historiques du théâtre, enseigne aux spectateurs, peut-être même aux auteurs, que, suivant l'exemple de l'Antiquité, le divin se mêle au rire, le vrai n'a pas besoin d'être trivial, la joie est un rythme musical qui n'exclut ni la grâce ni la beauté.

Une galerie oblongue sert de foyer au Théâtre de Comédie. Les spectateurs du parterre s'y répandent de plain-pied; à ceux des loges s'offre un large balcon qui suit le mur opposé aux fenêtres; des palmes entrecroisées ornent la balustrade. De haut en bas et de bas en haut, une partie de cette foule élégante et mouvante sera un spectacle pour l'autre.

Au-dessous du balcon, au-dessus des portes et entre les fenêtres, des panneaux d'inégales dimensions et de formats divers ont reçu des toiles d'Édouard Vuillard. A l'intérieur de la salle, Roussel fait voir sous nos yeux l'éternelle vérité des fictions antiques. Ici, Vuillard transpose dans le mode décoratif les données de la vie actuelle, mais d'une vie où l'artifice est naturellement mêlé, puisque c'est la vie du théâtre.

Vuillard était préparé au rôle de décorateur par cette pratique de la détrempe dont il use volontiers. Il me semble que la détrempe est pour la décoration intime ce qu'est la fresque pour la décoration monumentale : l'une s'encadre dans la boiserie comme l'autre s'harmonise avec le mur de pierre ou de stuc.

Le peintre a dépensé autant d'esprit que de talent. Il nous séduit par le choix ingénieux et approprié des sujets : sans désobéir aux lois décoratives, il garde cet imprévu dans l'exécution et ces trouvailles d'harmonies vives et subtiles qu'on aime dans ses œuvres de libre inspiration.

Deux grands panneaux opposent la comédie classique et la comédie contemporaine.

Dans une chambre finement lambrissée et peinte en gris, sous un riche plafond doré, se joue une scène du *Malade imaginaire*. C'est la leçon de chant du deuxième acte. Au fond, près de la cheminée, Argan, enveloppé d'une robe à ramages, étalant des joues rubicondes sous un bonnet de coton blanc, est douillettement assis dans un fauteuil. Cléante, la tête renversée en arrière sous sa perruque frisée, l'œil en coulisse, chante en se rengorgeant et en cambrant la jambe, vêtu d'un magnifique costume rouge, blondin, délicieux, impertinent, avantageux, se réjouissant de tromper et d'être jeune autant que d'être aimé. La jeune fille et le jeune homme échangent leur connivence et leur espoir et leur plaisir par-dessus la tête du ridicule vieillard. M. Diafoirus, les pieds sur les chenets, tournant le dos aux spectateurs, est à peine visible, tandis que son fils Thomas, maigre et noir, juché sur un haut tabouret, contemple ce qui se passe sans le comprendre. Suivant une coupe dont Degas a le premier donné l'exemple, le bas de la toile est occupé par les têtes des musiciens et les silhouettes des instruments qui tout à l'heure accompagneront l'entrée des « Égyptiens vêtus en Mores ».

Le second panneau représente un restaurant mondain. Au centre, près de la rampe, deux hommes en habit noir se querellent. Deux tables élégamment servies, l'une à gauche, l'autre à droite, exposent symétriquement le luxe ostentatoire, le morne et rituel ennui de ces soupers qui assortissent d'ambitieux jeunes hommes ou des vieillards impénitents à des femmes décolletées, fardées, empanachées. Ici, un diplomate octogé-

I Ph. Bernheim Jeune.

2 Ph. Librairie de France, Paris.

3

1. Esquisse de K. X. Roussel pour le rideau de la Comédie
des Champs-Élysées.
2. Daphnis et Chloé par Mme J. Marval (Foyer de la Danse).
3. Le Malade imaginaire par Edouard Vuillard (Foyer de la Comédie).

naire aux rigides favoris blancs mange avec application et dignité : les yeux de sa jeune compagne cherchent des distractions ou au moins des motifs de patience. Là, un caprice de la perspective masque derrière une branche de fausses orchidées jaunes l'homme, personnage insignifiant et indispensable, tandis que ses deux invitées combinent leur attitude pour appeler les regards sur leur toilette. A une grande hauteur au-dessus d'une tête trop blonde, une plume noire se balance, pareille à un point d'interrogation, — question dont il ne vaut pas la peine de chercher la réponse. Le faste saugrenu d'un café à la mode fait contraste avec l'élégance solide et discrète d'un intérieur bourgeois au XVIIe siècle. Vuillard s'amuse et nous amuse à décrire ce décor, comme le document d'un mauvais goût dont on peut espérer la fin prochaine. Les lignes déséquilibrées s'enroulent ou se tordent; dans le bariolage des couleurs, le jaune du nougat s'associe au rose de la galantine; on dirait de l'architecture comestible. Cette peinture, ensemble véridique et humoristique, peut passer pour un spirituel hommage à l'heureuse simplicité qui, par les mérites d'Auguste Perret, va triompher de ces extravagances.

Deux compositions en hauteur figurent deux aspects du lyrisme dans le drame : c'est la rencontre de Faust et de Marguerite, — non pas selon l'opéra de Gounod, mais d'après une adaptation du poème de Gœthe qui, peu auparavant, avait été donnée à l'Odéon, — et c'est la conversation de Pelléas et de Mélisande, le soir, au bord de la fontaine : Pelléas, debout, fait un geste d'effroi, tandis que Mélisande, assise sur la margelle, laisse glisser son anneau.

Ici, le paysage tient, comme il est naturel, la place qui lui revient dans la poésie romantique ou symboliste. Mais sous les grands arbres aux dramatiques branchages circule une atmosphère de théâtre. Le tact du peintre évite toute apparence de satire pour combiner entre le ciel vert, le lac, les reflets des sombres ramures et la robe mauve de Mélisande une harmonie triste et factice.

La *Comédie classique* et la *Comédie contemporaine* sont reliées par des dessus de portes. Le motif de ces frises est emprunté aux étalages de fleurs que des charrettes à bras promènent dans nos rues. Les masses fleuries s'encadrent entre les colonnes réservées aux affiches de théâtre. L'arabesque et la couleur rappellent par des affinités cherchées les lignes et les tonalités des grandes compositions.

Deux trumeaux de fleurs, un *Guignol forain* vivement enluminé, enfin deux petites toiles qui évoquent la vie des coulisses en nous montrant un homme et une femme occupés au travail du maquillage, complètent cette décoration originale où la fantaisie ne manque jamais d'à-propos.

*
* *

Dans une œuvre telle que la construction et la décoration d'un théâtre, il est impossible sans doute, et il est presque inutile, que tous les détails soient d'une égale qualité. On sera satisfait si cette qualité obéit à la gradation de leur importance dans l'ensemble. Grâce à une ferme et lucide intelligence, l'architecte maître d'œuvre a su dominer et vivifier un programme aussi vaste que complexe. A l'extérieur comme à l'intérieur de l'édifice, des principes d'ordre et de logique ont été appliqués constamment, résolument, mais sagement aussi, et sans ostentation provocante. On sent combien cette jeune autorité, sans cesse appuyée sur l'influence animatrice du président du Conseil d'administration de la Société du Théâtre, soutint les divers artistes chacun dans la part qui lui revenait. Ainsi fut assurée l'unité de l'œuvre commune. Tous ont travaillé avec une allégresse qui triompha de délais trop courts et avec la confiance que donne le sentiment d'annoncer les voies de l'avenir.

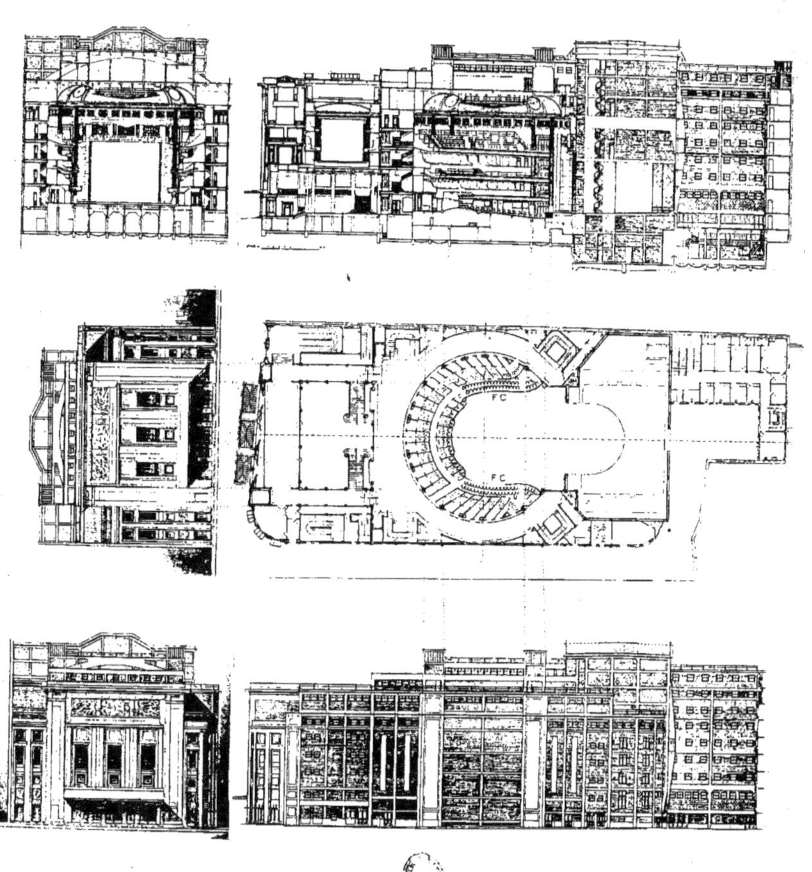

Théâtre des Champs-Élysées.
Plan - Coupes - Façade.

UNE ŒUVRE D'ART AU CIMETIÈRE MONTPARNASSE

1914-1921

(Pl. XX-XXI)

Après cette vaste entreprise du Théâtre des Champs-Élysées, l'ordre chronologique inscrit dans la carrière d'Auguste Perret une œuvre d'un caractère tout recueilli, tout intime. Elle fut conçue bien peu de temps après l'achèvement du Théâtre, mais la guerre en retarda longtemps l'exécution. C'est un tombeau élevé par une mère et un mari à une fille, à une femme bien-aimée. Auguste Perret retrouvait là, dans une association peut-être encore plus étroite et où le sentiment avait sa part, le principal de ses collaborateurs du Théâtre : Maurice Denis. Le monument est un petit temple de marbre pentélique entre les colonnes duquel apparaît, autant que se dérobe mystérieusement, un grand bas-relief dont Maurice Denis est l'auteur (1). Aucune œuvre de Perret ne montre mieux cette sensibilité grave qui fait le fond vivant d'une logique dont on aurait tort de croire l'empire exclusif. Grâce à deux grands artistes, à leur talent et à leur amitié, ce monument unique dans la production de notre temps, ce pur poème *in memoriam*, a rempli les vœux de deux fidélités, de deux douleurs, de deux espérances, en revêtant des formes impérissables de l'art le souvenir d'une morte.

L'un des plus grands connaisseurs de l'Antiquité que la France ait eu depuis cinquante ans, Henri Lechat, dans des pages d'exquise critique qui

(1) Je veux dire que la composition et la maquette sont de lui ; pour l'exécution du marbre, il eut un interprète intelligent et fidèle en la personne du sculpteur Joseph Claret.

7

sont aussi un pieux et admirable témoignage d'amitié (1), n'a pas craint, à propos de ce moderne tombeau, d'évoquer la Grèce. Nul éloge ne pouvait toucher davantage Auguste Perret, lequel n'admire rien tant que la perfection des constructeurs grecs manifestée au plus haut point et de toutes les manières dans le Parthénon, si ce n'est les coupoles de Sainte-Sophie et les voûtes de Chartres ou de Beauvais. Oui, c'est ainsi, en effet, que la frise des Panathénées apparaissait en arrière de la colonnade. C'est ainsi également que certains monuments funéraires au Céramique d'Athènes, en dépit de leurs dimensions si réduites, atteignaient à des effets de vraie grandeur et prenaient des airs de temples. C'est ainsi enfin que nous émeut après tant de siècles la jeune Hégéso, sculptée par un ciseau attique entre deux pilastres et sous un petit fronton dorique. Mais celle-là, du cimetière Montparnasse, n'est pas, comme Hégéso, représentée dans son costume et ses occupations familières. Nous la voyons étendue telle qu'on la coucha dans le cercueil. La voici, cependant, qui se soulève; sa magnifique chevelure, gloire de sa vie terrestre, se déroule en même temps que se dénouent les liens de la mort; elle se confie à la main de l'ange descendu des hauteurs célestes pour la réveiller et accomplir la parole inscrite en lettres d'or solennelles sur l'architrave de marbre : EGO SUM RESURRECTIO ET VITA. Ayant de plus que sa sœur grecque le privilège de la promesse divine, puisse-t-elle, dans ce marbre, vivre de la vie de l'art aussi longtemps que l'Athénienne Hégéso!

Sur une superficie de terrain exactement égale à toutes les pauvres « concessions » avoisinantes, ce petit monument arrive, par la vertu d'une ingénieuse et savante présentation, à faire oublier sa petitesse et à ne signifier rien que de haut, de grand, de noble, de pur. Pour la description technique, je ne saurais mieux faire que de reproduire celle d'Henri Lechat. Il l'a faite avec la même respectueuse et amoureuse minutie qu'il mettait jadis dans ses livres sur le *Temple grec* ou sur le *Musée de l'Acropole*.

La construction mesure 2 m. 50 de largeur et, en chiffre rond, 5 mètres de hauteur. Voici comment cette hauteur se subdivise : 1 m. 30 pour la partie au-dessus de l'architrave; 2 m. 60, soit le double, pour la partie comprise entre le haut de l'architrave et le bas des colonnes; 1 mètre pour la base qui porte le tout. Cette base se termine en haut par une

____

(1) *Une œuvre d'art au cimetière Montparnasse, Gazette des Beaux-Arts*, 1922, t. II, p. 249. C'est là que j'ai pris le titre qu'on vient de lire en tête de ces lignes.

Monument au cimetière Montparnasse.
1914-1921.

plinthe mince formant plan continu, d'où partent colonnes et mur. Le mur est en retrait;
nous l'avons vu; mais, par une disposition de courbes de la plus heureuse habileté, les deux
extrémités en sont ramenées en avant, de manière à faire deux antes en face des colonnes
de chaque bout. Les quatre colonnes d'un seul bloc, non cannelées, posent au bord de la
plinthe : elles semblent en sortir, comme sortent du sol des fûts d'arbre. Un étroit chapiteau
dorique les relie à l'architrave. Elles ont 2 m. 26 de hauteur, chapiteau compris. Leur diamètre inférieur est de 2 m. 288; l'entre-colonnement mesure 0 m. 72 d'axe en axe, c'est-à-
dire qu'il comprend deux fois et demie le diamètre de la colonne, ou bien que le vide entre
deux colonnes correspond à un diamètre et demi. Sur les colonnes, l'architrave élève son
front puissant. Une sobre corniche la couronne, et, par-dessus, commence à monter, en
guise de toit, une souple pente renflée, qu'interrompt, posée au milieu, la croix aux quatre
branches égales, entourées du cercle symbolique. Ces précisions sèches et ces quelques
chiffres étaient nécessaires. Car nous y constatons d'abord que nul détail de ces mesures,
non plus d'ailleurs que le profil d'aucune moulure, n'est emprunté à un exemple classique;
et cependant, le petit édifice, dans son ensemble, a un style classique. Le mérite capital
de l'œuvre, répétons-le, c'est la justesse de ses proportions et l'eurythmie de ses lignes;
mais proportions et lignes sont bien à elle, ne sont qu'à elle. Dédaigneuse de tout ornement,
elle est d'une pureté qu'on peut appeler dorique. Sa sévère beauté, qui lui appartient en
propre, est digne de l'art grec du ve ou du ive siècle.

Rien d'ailleurs de ce qui compose cette belle œuvre n'a été abandonné
au hasard. Le revers, dans sa nudité, n'est pas moins soigné que la face.
C'est une invention remarquable que cette grande paroi, droite et unie,
encadrée entre deux courbes harmonieuses en sens inverse de celles qui
par devant arrondissent les angles du bas-relief. Ce détail prouve une fois
de plus quel parti Auguste Perret sait tirer d'un obstacle matériel. Cette
courbe a été imaginée pour laisser passer le tronc d'un cyprès dont on
aurait voulu garder le sombre et grave feuillage tout près de ces marbres
clairs. Il mourut, hélas! en dépit de cette précaution. Mais, l'heureuse disposition qu'il avait suggérée restait acquise. Et, dans une proximité un
peu moins immédiate, d'autres cyprès demeurent, contribuant à la poésie
de ce coin de cimetière qu'ils séparent de la foule uniforme des tombes.

NOTRE-DAME DU RAINCY

1922-1923

(Pl XXII-XXVI)

Notre-Dame du Raincy nous propose un double exemple, celui du clergé et celui des architectes. Arrivant, en 1918, dans une paroisse de banlieue, mal desservie par une vieille église beaucoup trop petite pour une population de dix mille âmes, M. l'abbé Nègre décide immédiatement, malgré des difficultés de toute sorte, dont faute d'argent n'est pas la moindre, qu'il dotera le Raincy d'une église neuve. Cinq ans plus tard, le 17 juin 1923, ayant suscité des souscriptions généreuses, inespérées, mais dont le total eût semblé à tout autre fort au-dessous du devis le plus modeste, il contemple son église debout, portant la marque de la science, du goût, du style d'un architecte audacieux et classique à la fois, ornée de vitraux dus à un grand peintre et d'un tympan encore à l'état de maquette, mais qui représente la promesse d'un grand sculpteur; enfin, il voit son évêque, Mgr Gibier, en chaire, expliquant à plus de deux mille auditeurs l'œuvre accomplie et la bénissant.

Les frères Perret ne furent pas découragés, plus que le curé lui-même, par la modicité des ressources mises à leur disposition. Ils voulaient montrer que, de nos jours, malgré le prix exorbitant de la main-d'œuvre, on peut, grâce à l'emploi judicieux des moyens de construction modernes, élever en peu de temps et avec peu d'argent une église claire, spacieuse, sans ornements superflus, mais n'ayant rien des pauvretés d'un abri provisoire, un édifice digne de ce nom, monument solide et durable, contenant tout ce qui est nécessaire à la vie spirituelle d'une paroisse y compris cette

Marie au pied de la Croix, par Maurice Denis.
Vitrail à Notre-Dame du Raincy.

Bas-relief pour un monument au Cimetière Montparnasse.
Maquette de Maurice Denis.

beauté dont ne saurait se passer la maison de Dieu : *dilexi decorem domus tuæ.*

Ce qu'ils voulaient, ils le firent. Treize mois à peine après la pose de la première pierre (1), leur œuvre de constructeurs était achevée. S'ils y furent quelque peu de leur poche, si le peintre et le sculpteur donnèrent eux aussi leur temps et leur talent, ce désintéressement ne fait que nous obliger à plus de gratitude, sans rien enlever à la valeur démonstrative de l'expérience.

Auguste Perret avait depuis longtemps le désir de faire une église. C'est, en effet, aujourd'hui comme toujours, la plus belle tâche à laquelle puisse s'appliquer un architecte. L'idée, étant ici d'une nature qui ne saurait se comparer à nulle autre, a une puissance extraordinaire pour soutenir l'artiste, s'il est, ne fût-ce qu'humainement, capable de comprendre ce qu'il fait. Autant que la destination sacrée, les nécessités immuables de la liturgie agissent comme des préservatrices d'erreurs. Pour peu qu'une église soit adaptée aux exigences du culte, il s'en dégage une beauté dont il n'appartient pas à telle ou telle faute de l'architecte, ou même du clergé et des fidèles, de la dépouiller.

Les frères Perret avaient, près de quinze ans auparavant, exécuté la construction de la cathédrale d'Oran sous la direction de M. Albert Ballu. Cette fois, c'est libre de toute contrainte, sauf, hélas ! celle de la médiocrité du budget, que l'œuvre a été accomplie.

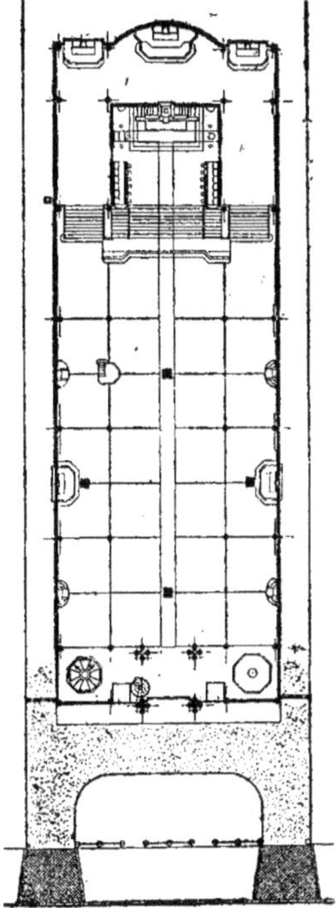

Fig. 5. — Notre-Dame du Raincy. Plan.

(1) Cette formule n'a pas cessé de servir, faute d'une meilleure. A la vérité, il n'y a pas une seule pierre dans l'église du Raincy. Mais, de même que, l'électricité ayant presque partout remplacé les anciens agents d'éclairage, on continue d'adapter les ampoules électriques à des flambeaux ou à des lampes faites

Notre-Dame du Raincy est la première église entièrement construite en béton armé. A toutes les époques, l'économie devrait être considérée par les architectes comme une des règles de leur art. Que dire aujourd'hui, alors que la situation générale du monde rend tout gaspillage coupable? A toutes les époques aussi, et pour les mêmes raisons, c'est une règle d'employer autant que possible les matériaux qu'il est le plus facile de se procurer. C'est ainsi que, dans des régions différentes et différemment pourvues, la cathédrale d'Albi est un chef-d'œuvre de la construction en brique, les cathédrales de Chartres, d'Amiens et de Reims des chefs-d'œuvre de la construction en pierre. Aujourd'hui le béton armé se trouve partout. C'est un « matériau », comme disent les techniciens, fabriqué industriellement. Il s'offre, s'impose en toute région, à tout architecte. Bon marché, solidité, ductilité, faculté de se prêter aux conceptions les plus hardies et de rendre possibles les tours de force d'exécution, il a toutes les vertus, excepté cette richesse et cette beauté d'aspect qu'il ne saurait disputer au marbre ni à la pierre. Mais est-il en cela si inférieur à la brique, qui est facilement acceptée en Flandre, dans le sud-ouest de la France et ailleurs?

Jusqu'alors, cependant, au moins pour les monuments publics qui supposent une certaine grandeur d'effet, personne n'avait osé lui demander autre chose qu'une armature; ou, s'il fournissait toute la construction, on le dissimulait sous un revêtement de marbre ou de stuc. Les frères Perret eux-mêmes, sur la façade du Théâtre des Champs-Élysées, avaient mis un placage de marbre. Au Raincy, le béton, et le béton seul fournit à tous les besoins : colonnes, voûtes, clocher, balustrades, encadrement des fenêtres, à l'extérieur, comme à l'intérieur, tout est béton, béton apparent, sans revêtement, à l'état brut. Le béton nu joue pour la première fois le rôle d'une matière noble.

De là une certaine rudesse qu'il ne faut pas nier et que les frères Perret ne considèrent pas du tout comme obligatoire; mais y étant amenés par raison d'économie, ils ont su en tirer une sorte de beauté, particulièrement

pour la bougie, l'huile ou le pétrole, de même, pour solenniser, suivant l'antique coutume, le commencement des travaux d'un édifice où n'entreront que des matériaux modernes, c'est toujours un bloc carré qui reçoit, dans une cavité disposée à cet effet, les parchemins et les sceaux traditionnels; seulement, au lieu d'être taillé dans la pierre, ce bloc est du béton coulé dans un moule.

Notre-Dame du Raincy (S.-et-O.).
1922.

dans la façade et dans le clocher, lequel produit un effet analogue à celui des vieux clochers bretons où tout, même la flèche, est en granit.

Ne croyons donc pas que, par un respect fétichiste pour un produit incomparablement résistant et docile, les frères Perret s'interdisent de l'orner, de l'embellir. Ils savaient très bien qu'avec plus de temps et plus d'argent, ils auraient pu, ne fût-ce qu'en polissant leur béton, donner à certaines parties de l'édifice un caractère plus précieux. Mais la rapidité et l'économie étaient les deux premiers articles du cahier des charges. Il est à l'honneur des architectes que ni cette rapidité ni cette économie ne les aient obligés à des sacrifices compromettant la signification de leur œuvre.

L'expérience faite au Raincy par nécessité a même, j'imagine, modifié quelque peu leurs idées sur le béton apparent et les a convaincus que cette rude matière est digne, avec des soins suffisants, de se montrer sans masque sur la plus noble façade.

Le vaisseau a 56 mètres de long sur 20 de large. On pourrait dire que c'est une simple nef, sans transepts, ni bas-côtés, ni abside. Du moins, ces parties traditionnelles du plan de nos églises y sont-elles limitées à la valeur d'indications ou de survivances. C'est encore l'économie et la rapidité qui conseillèrent ces réductions. Mais il faut ajouter que de telles réductions vont dans le sens où s'oriente la pensée d'un architecte soucieux de satisfaire aux besoins actuels des fidèles.

Sans exiger partout l'atmosphère de majestueuse beauté et de lyrisme que l'on respire dans les plus illustres de nos cathédrales gothiques, nous demeurons toujours sensibles à ce pittoresque mystérieux que nous offre mainte vieille église sans gloire. Laquelle, pour peu qu'elle soit antérieure à la Renaissance, n'a pas de quoi toucher notre sensibilité artistique et religieuse en nous montrant une avenue de hauts piliers, de sombres bas côtés appelant les supplications solitaires et la pénitence, un chœur où les vitraux font des concerts de lumière et de couleur au-dessus du tabernacle? Mais tout cela, qui nous émeut et qui nous émouvra toujours, était destiné à un temps où les habitudes et les aspirations du peuple chrétien n'étaient pas tout à fait ce qu'elles devinrent ensuite. Ce n'est pas un paradoxe de prétendre que la découverte de l'imprimerie devait avoir, au bout d'un temps plus ou moins long, une influence sur le plan et l'éclairage des églises. Aujourd'hui, les fidèles savent lire et il faut qu'ils voient clair pour lire dans leur livre; cela est d'autant plus nécessaire que la piété, dont le fond est immuable mais qui varie dans sa forme, s'appuie, de nos jours, et de plus en plus, sur la liturgie. Il faut que, de tous les points de l'église, on puisse voir et entendre le prêtre, — le prêtre qui offre le Saint-Sacrifice à l'autel et le prêtre qui, du haut de la chaire, enseigne la parole divine. Donc, plus de ténèbres, plus de cette multiplicité de chapelles, plus de ces cavités où le son se répercute ou s'étouffe!

On l'a dit, — et il ne faut pas craindre de le redire, — l'église du Raincy est la Sainte-Chapelle du béton armé. Avec des moyens nouveaux, appropriés aux besoins de notre temps et aussi aux ressources d'un budget très restreint, c'est la même idée qui inspire, qui ordonne l'édifice : l'idée d'une châsse qui n'est qu'une armature de verrières. Tout ici l'exprime : lignes verticales, minceur de la voûte et de la paroi, réduction en surface de cette paroi, qui est presque entièrement ouverte et ajourée, tout concourt à un effet aérien et lumineux.

Dix fines colonnes sans chapiteaux, qui ont 11 mètres de haut sur 43 centimètres de diamètre, supportent des voûtes surbaissées extrêmement légères, d'un dessin élégant et hardi; tout en jalonnant le plan traditionnel en trois nefs, ces colonnes, minces et espacées, ne laissent rien perdre d'un aspect voulu de grandeur et d'unité. L'absence de chapiteaux sur des supports si minces contribue à l'effet général d'élancement et de légèreté et fait paraître les voûtes plus hautes. Cependant, à défaut des abaques, des volutes ou des acanthes de jadis, un couronnement est nécessaire, quelque chose qui fasse, géométriquement, le passage du rond au carré. Les croix de la consécration, gravées à la retombée des voûtes, remplissent à leur manière cet office.

Les architectes gothiques, visant à la même légèreté, ont dû, pour contenir la poussée des voûtes, recourir à un immense déploiement d'arcs-boutants, dont ils ont, d'ailleurs, tiré un admirable parti décoratif. Ici, le dessin est sans surcharge, aucun renforcement n'étant nécessaire. Les poteaux sont des monolithes, pareils aux troncs d'arbres qui portent une ramure mobile, agitée par le vent. Si les troncs des arbres étaient formés d'assises superposées, fussent-ils d'une épaisseur et d'une robustesse extraordinaire, ils ne pourraient soutenir un tel poids, ni surtout résister aux oscillations latérales déterminées par les troubles de l'atmosphère. Le poteau de béton est une tige capable de fléchir, de se balancer en quelque

Notre-Dame du Raincy (S.-et-O.).
Intérieur.
1922.

Notre-Dame du Raincy (S.-et-O.).
La Tribune des Orgues.
1922.

sorte, sans se briser. Quant aux voûtes, elles ne pèsent pour ainsi dire pas
sur les poteaux : elles n'ont pas de poussée, étant minces comme des
coquilles d'œuf et, de plus, armées de nervures : les poteaux sont encastrés
dans la nervure de la voûte.

Sur ce squelette léger et solide est jetée une enveloppe qu'on pourrait
dire de chair vivante. C'est le treillis des *claustra* que remplissent les verres
colorés.

Tout cela, cependant, risquait de ne faire qu'un hangar, si l'architecte
n'avait eu l'idée d'un petit artifice d'où résulta, à bien bon compte, un
parti vraiment architectural. Les poteaux qui forment l'armature de la
paroi en furent détachés de quelques centimètres, de sorte que l'église,
au lieu d'une grande chambre d'une seule venue, se présente à nous avec
des divisions qui sont comme les membres d'un corps organisé. Tout en
appréciant l'effet voulu d'espace sans obstacle, on distingue une nef centrale, circonscrite par deux files de colonnes, puis deux nefs latérales
entre ces colonnes et les poteaux de la paroi, et il y a encore de l'air entre
ces poteaux et ce mur.

Le terrain avait un défaut : il était en pente, le point le plus élevé se
trouvant à l'entrée de l'église. Auguste Perret ne pouvait songer aux
travaux dispendieux qu'aurait demandés l'aplanissement de cette décli-
vité. Il nous montre ici comment il sait mettre en pratique une des règles
les plus salutaires de son art : de l'obstacle tirer un élément de beauté.
Il utilise la pente, qui est d'ailleurs douce, pour réaliser à peu de frais
une disposition très heureuse, qui, du même coup, facilite l'aménagement de ces services accessoires dont une paroisse ne peut se passer. Sans
vouloir comparer une église à une salle de conférences, il n'est certainement pas mauvais que les fidèles assis au deuxième rang soient un peu
plus haut que ceux du premier rang et ainsi de suite. Ce dénivellement
s'arrête devant le sanctuaire. Une plate-forme, qui domine la nef d'une
dizaine de marches, occupe toute la partie postérieure de l'église, remplis-
sant ainsi l'office du chœur à la fois et de l'abside. Elle porte le maître-
autel, et, en arrière, adossés au mur de fond qui dans sa partie centrale
fait un saillant arrondi, trois autels dédiés à la Sainte Vierge, au Sacré
Cœur et à saint François d'Assise. A droite et à gauche des marches
qui montent vers le maître-autel, deux escaliers descendent dans une
crypte contenant calorifère, sacristie, bureaux, chapelle du catéchisme. La

plate-forme, avec ses deux escaliers, permet une présentation imposante
et essentiellement religieuse du maître-autel. Toute l'attention converge
vers le prêtre, et il semble que la prière des fidèles, suivant la pente de
la nef, soit conduite comme une vague qui se creuse et se relève devant le
tabernacle. Au-dessus du Saint-Sacrement, en guise de clôture, de couverture et de défense, est un *ciborium* fait de poteaux dont la disposition
rappelle le dessin du clocher et qui se termine par des anges. Les poteaux sont dorés, ainsi que les anges, qui sont estampés dans des moules
géométriques.

A droite et à gauche de l'entrée de la nef, s'ouvrent deux petites chapelles basses, de forme polygonale. Leur présence est, pour ainsi dire,
exigée par des raisons religieuses : l'une est la chapelle des fonts baptismaux,
que doit posséder toute église, l'autre la chapelle des Ames du Purgatoire
ou — suivant le nom qu'on préférera dans une église votive destinée à
commémorer la victoire de l'Ourcq — la chapelle des Morts de la Guerre.

Dans le plan architectural de l'église, leur fonction n'est pas moins
utile. A l'extérieur, elles modèlent la façade, dont le haut clocher est le
centre et le trait distinctif; elles rompent les lignes qui, sans elles, auraient
pu paraître trop rigides, trop nues; elles jouent un rôle analogue à celui
des petites absidioles des églises romanes d'Auvergne ou du Languedoc.
A l'intérieur, elles composent avec la tribune de l'orgue un ensemble
fort pittoresque. Le dallage dessine la croix de guerre avec ses deux épées
croisées. Un bandeau octogonal, qui entoure la croix, porte cette belle
inscription due à M. le chanoine Nègre : IN SANGUINE EORUM JUSTITIA ET
PAX OSCULATÆ SUNT.

Entre ces deux petites chapelles polygonales et le clocher s'élèvent
deux tours carrées, beaucoup plus hautes que les chapelles, beaucoup moins
hautes que le clocher dont elles flanquent la base. Ce ne sont pas des con-
treforts, au sens gothique du mot : le clocher n'a pas besoin d'appui;
mais ces deux tours sont nécessaires à l'œil pour relier le clocher à l'ensemble de l'édifice; elles soulignent les divisions de la façade, surmontant
les deux portes basses latérales, tandis que la haute porte centrale s'ouvre
sous le clocher. Chacune d'elles porte à son faîte un lanternon carré qui
se termine par un ornement sculpté dont le symbolisme se fait aisément
comprendre : à gauche, du côté de la chapelle des Morts, c'est une couronne
d'épines; à droite, du côté du baptistère, dans une couronne de même dia-

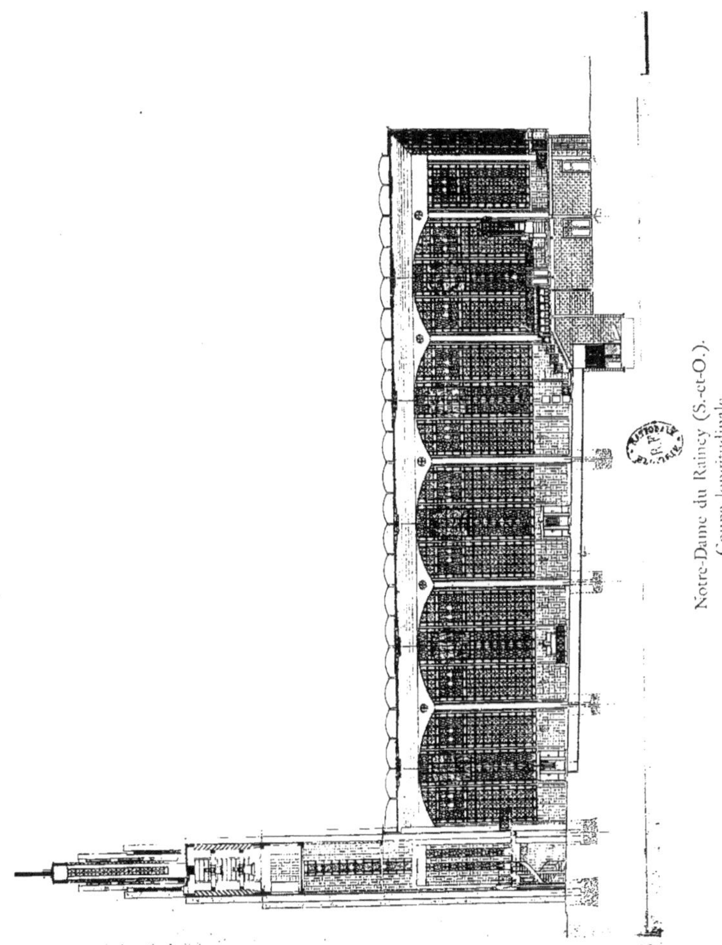

Notre-Dame du Raincy (S.-et-O.).
Coupe longitudinale.

Notre-Dame du Raincy (S.-et-O.).
L'Abside.

mètre est inscrite la colombe du Saint-Esprit. Simple sculpture d'architecte, fort appropriée d'ailleurs à sa fonction.

Le clocher a 43 mètres de haut. Que ce soit à l'intérieur de l'église ou
au clocher, les poteaux sont d'un diamètre uniforme. On n'a eu qu'à les
quadrupler ou quintupler, là où la hauteur et le poids à supporter l'exi-
geaient. C'est ainsi que le clocher, à l'intérieur, repose sur des faisceaux
de quatre colonnes. L'effet en est certainement très supérieur à ce qu'aurait donné un pilier unique de même force, et c'est plus vivant, plus végétal
en quelque sorte, à l'instar de ces assemblages de hautes tiges qu'affec-
tionnaient les Égyptiens. Ajoutons que ce résultat est obtenu économi-
quement, les faisceaux de colonnes ne coûtant pas plus cher que n'eût
coûté un gros pilier.

A l'intérieur du clocher, il n'y a pas de « beffroi ». Le « beffroi », qui,
dans l'usage courant, désigne la tour elle-même, c'est, en terme d'architecture, une charpente de bois placée à l'intérieur de la tour et destinée à
contenir les cloches. Il repose en général sur des piles à la hauteur de la
première assise et, ensuite, s'élève en forme de tronc de pyramide quadran-
gulaire, sans toucher la pierre où il est enfermé. Il a pour effet de faire
descendre le point d'application de l'effort et, ainsi, d'empêcher la dislo-
cation des assises de pierre sous l'ébranlement causé par les cloches. Au
Raincy, ce beffroi était inutile. Le clocher est un monolithe aussi indestructible qu'un obélisque égyptien. On pourrait le coucher par terre et
le relever intact. Les cloches sont simplement attachées à des poutres
transversales dans la cage vide.

Ce clocher monolithe a cependant des divisions et des assises. Mais
ces assises ne sont pas indépendantes les unes des autres, comme il arrive
dans certains clochers romans où il semble qu'il n'y a pas de raison pour
arrêter à un point plutôt qu'à un autre la superposition des étages. Ici,
nous avons vraiment une charpente, l'étage inférieur amorçant les supérieurs, les faisceaux de colonnes sortant les uns des autres. De là un aspect
d'unité dans la multiplicité qui est la marque d'une création bien conçue.
Il y a vingt poteaux au départ, puis douze, puis huit, puis quatre, et enfin
un, qui forme la terminaison du clocher et porte une haute croix faite,
comme la tour entière, en béton armé. Une croix pareille en pierre eût été
impossible. Nous sommes habitués à la croix de fer et au coq de même
métal, dont la grêle silhouette est liée à la figure de tant de nos vieilles

églises de village. Ici, le béton armé a permis un couronnement qui accuse la signification votive de l'église et rappelle les âmes de ceux qui sont morts pour le salut de la France : le motif supérieur du clocher, dernier poteau dépassant les autres, s'inspire de ces petits monuments que l'on trouve dans plusieurs de nos provinces et qu'on appelle « lanternes des morts (1) ».

A l'extérieur, ainsi que l'a remarqué l'auteur d'une excellente analyse technique (2), le clocher, avec ses lignes verticales et ses tubulures de différentes grandeurs, fait penser à un orgue monumental qui se développerait en hauteur plutôt qu'en largeur. Or, à l'intérieur, la cage vide du clocher, reposant sur quatre faisceaux de colonnes, sert précisément à recevoir l'orgue et à l'encadrer. Ainsi cette tour qui dresse, si haut dans les airs, la croix est vraiment le logis du son : si, dans ses étages supérieurs, au-dessus du toit de la nef, elle porte les cloches qui appellent les fidèles, à l'intérieur, elle offre sa base évidée au magnifique instrument dont les voix multiples accompagnent et soutiennent la liturgie.

L'orgue a, par lui-même, dans toutes les églises, une importante fonction décorative. Ici le pittoresque de la présentation produit un maximum d'effet dans ce vaisseau de dessin sévère et nu, et c'est dans la tribune de l'orgue que l'œil, embrassant la nef et le chœur, contemplant la suite des verrières et la gradation de leurs teintes, s'abandonne avec le plus de ravissement à la création d'un grand architecte qui, comme le disait M. Maurice Brillant (3) peu après la bénédiction de l'église du Raincy, a su faire du ciment armé « la plus immatérielle des matières ».

Depuis la fin de la Renaissance, l'influence des modèles grecs et romains avait peu à peu imposé un type d'église très éloigné de l'idéal gothique : dômes, frontons, colonnades, corniches saillantes, lignes empruntées aux figures géométriques, surfaces nues dont le principal ornement consiste dans la qualité et l'appareil des matériaux, nous apparaissent, dans un résumé trop bref, comme les traits principaux de cet art. Le règne de la pierre n'avait pu que favoriser une esthétique de majestueuse solidité.

Au Raincy, le béton prend l'initiative d'une heureuse et féconde al-

(1) Voir la « Lanterne des morts » de Cellefrouin (Charente) dans le *Dictionnaire d'Architecture* de Viollet-le-Duc, s. v. *Lanterne*.

(2) *Le Correspondant*, 10 août 1923, p. 560 et suiv.

(3) *Almanach catholique*, 1924, p. 269.

Église Sainte-Thérèse à Montmagny (S.-et-O.).
1925.

liance : se servant en maître des verticales et des rectangles qui sont les
formes élémentaires données par le ciment armé, Auguste Perret restaure,
sur la solidité classique et sa géométrie rationnelle, la hardiesse gothique
et sa spiritualité.

**

***

Les décorations peintes sont plutôt rares dans les églises de notre pays.
Les principaux exemples que l'on en pourrait citer avant le XVIIe siècle
portent témoignage de l'influence italienne, comme au Château des Papes
d'Avignon, ou même sont dus à des artistes venus d'Italie, comme à Sainte-
Cécile d'Albi. Les effets d'un climat peu propice à la conservation des
fresques suffiraient à expliquer cette rareté des peintures murales. Mais
des raisons plus essentielles tiennent au caractère même de l'architecture
gothique. Le vrai décor de nos églises, c'est la fenêtre qui le donne. D'elle
vient la lumière sous les voûtes mystérieuses hardiment dressées vers
le ciel. A la lumière, bientôt, s'ajoute la couleur par l'admirable invention
de l'art, purement français, du vitrail. A quoi bon des peintures murales ?
Ne sembleraient-elles pas ternes et sans vie à côté des belles images,
visibles et intelligibles de loin, que portent les fenêtres et que la lumière,
en les traversant, fait briller comme des pierres précieuses ? S'il reste quelque
surface libre sur les parois entre les fenêtres ou au-dessous d'elles, ce n'est
pas la peinture qu'il convient le mieux d'y appeler, mais la tenture mobile
des tapisseries, défense contre le froid de la pierre.

Au Raincy, dans une église semblable à une châsse de verre, il n'y a
pas de place pour la peinture, ni même pour la tapisserie. La tapisserie,
d'ailleurs, de nos jours, c'est le calorifère qui en tient lieu. Toute la beauté
intérieure de l'église réside donc dans les vitraux.

Là, une collaboration aussi précieuse que désintéressée était assurée à
l'architecte, celle de Maurice Denis, collaboration dont les heureux effets
avaient déjà été éprouvés dans le sacré comme dans le profane, au Théâtre
des Champs-Élysées, au cimetière Montparnasse et dans la chapelle du
Prieuré, à Saint-Germain-en-Laye.

Il y a dix grandes fenêtres qui font tout le tour de l'église. Les *claustra*
en béton, qui servent d'armature aux verrières et en soulignent le dessin,

se composent des mêmes éléments très simples, issus d'un petit nombre
de moules en bois, — carré, croix, triangle, cercle, — dont les combinaisons
variées fournissent dans toute l'église les divers détails de l'architecture :
balustrade du chœur, table de communion, clôture des chapelles, perfo-
ration des voûtes, baies du clocher.

Chaque verrière a sa teinte propre et sert de fond à une grande croix,
ton sur ton, qui porte en son centre un tableau transparent. La suite de
ces verrières forme une gamme telle que les tons les plus vifs, les jaunes,
les orangés et les rouges se font face sur les deux parois, quand on a franchi
le seuil de l'église, tandis que par les violets, en allant vers le chœur,
on arrive jusqu'au bleu qui est la couleur de la Sainte Vierge : les
trois fenêtres de l'abside tendent ainsi derrière l'autel comme un ciel
nocturne, profond et translucide, sur lequel scintillent les flammes des
cierges.

Neuf panneaux retracent la vie de la Vierge; le dixième commémore
la bataille de l'Ourcq, dont le sort se décida non loin du Raincy, et la pro-
tectrice de la France n'en est pas absente; par la grâce du peintre, on n'est
pas étonné de voir la figure de Marie apparaissant dans le ciel au-dessus
des fameux « taxis », porteurs des renforts qui contribuèrent à la
victoire. C'est ainsi que, inspiré par une imagination toujours jeune et
par une foi sincère, ce grand décorateur, qui a pour le vitrail une
prédilection innée, sait, sans disparate, associer à l'iconographie chrétienne les images de la réalité moderne; il renouvelle les thèmes traditionnels et il est aussi nouveau quand il représente la *Nativité de la
Vierge*, la *Pentecôte* ou l'*Assomption* que classique en évoquant la guerre
de 1914.

Les belles compositions de Maurice Denis furent fixées sur le verre
par un procédé qui assure, pour quelques années, un effet très satis-
faisant. Mais peu à peu, les verres peints seront remplacés par des vitraux
colorés en pleine pâte. Six fenêtres et tout le fond de l'abside ont déjà
reçu leur parure définitive. La tâche sera poursuivie par M. le curé-doyen
du Raincy, pour compléter l'œuvre à laquelle son nom, avec ceux des
artistes, ses collaborateurs, mérite de rester attaché.

A part les statues d'autel, la sculpture n'a guère de rôle à jouer dans
l'intérieur de cette église tout en couleur et en lumière. Mais, à la géométrie monumentale de la façade, une beauté nécessaire manquera jusqu'au

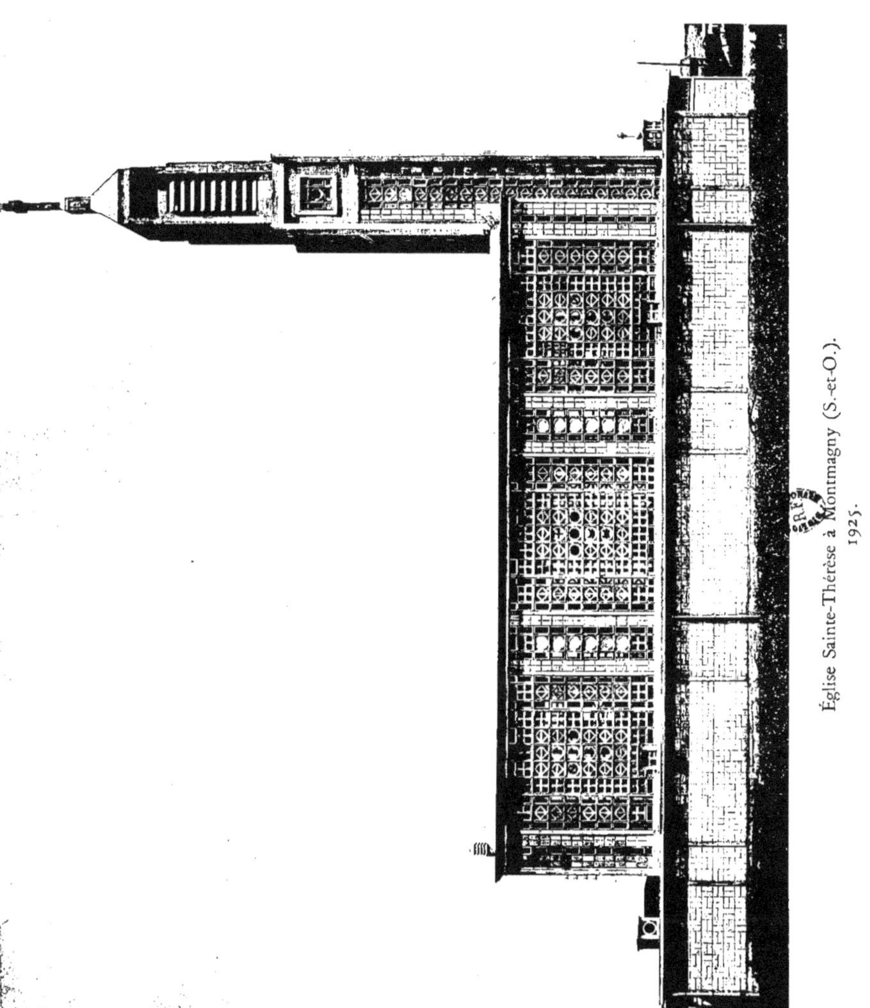

Église Sainte-Thérèse à Montmagny (S.-et-O.).
1925.

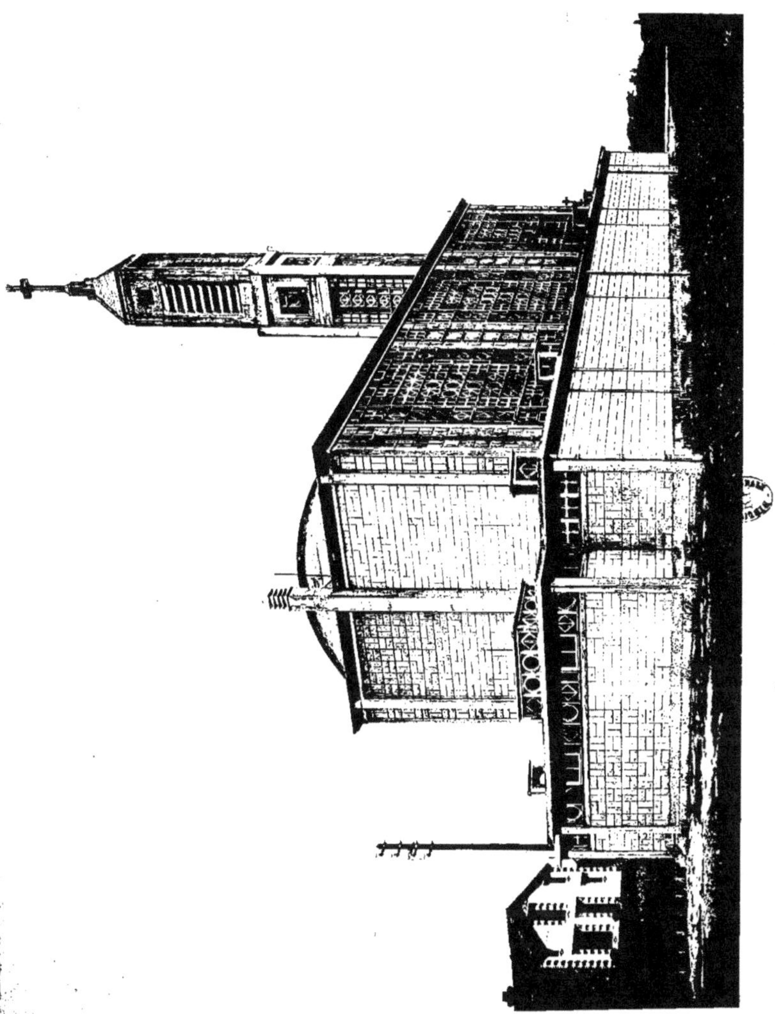

Église Sainte-Thérèse à Montmagny (S.-et-O.).
1925.

jour où le haut-relief, dont Antoine Bourdelle ne nous a encore fait connaître qu'une esquisse, animera le tympan du portail. Dans un champ allongé, circonscrit par un cintre surbaissé, ce grand sculpteur, également doué par le pathétique et pour le décoratif, exposera, comme une annonce du Sacrifice que le prêtre renouvelle quotidiennement à l'autel, le corps du divin Crucifié soutenu et pleuré par les Saintes Femmes.

SAINTE-THÉRÈSE DE MONTMAGNY
1925-1926
(Pl. XXVII-XXXI)

Deux ans après, avec des ressources encore moindres, mais proportionnées au vaisseau notablement plus petit que leur demandait M. l'abbé Garnier, les frères Perret purent faire servir à une autre église de la banlieue de Paris l'expérience acquise au Raincy. Ils employèrent le même outillage, les mêmes éléments de construction, les mêmes *claustra* en rectangles, triangles et cercles ajourés, les mêmes fûts minces. En quelques mois, sainte Thérèse de Lisieux eut son sanctuaire à Montmagny, près Saint-Denis. Mais ce ne fut nullement une répétition de Notre-Dame du Raincy. Tout en gardant le plan basilical avec un haut clocher carré sur le frontispice, l'architecte fit de ces données des combinaisons nouvelles. Il n'eut garde cependant d'oublier l'heureuse disposition que lui avait naguère suggérée un accident de terrain. Comme au Raincy, mais librement et volontairement, il a incliné le sol de la nef en pente légère; le maître-autel, surélevé de quelques marches, s'isole au moyen d'une clôture ajourée qui porte les deux lampes du sanctuaire.

L'église de Montmagny a sur son aînée l'avantage de posséder des façades latérales, et ces façades sont visibles. Mais il ne se passera peut-être pas un bien long temps avant que les maisons se multiplient et se pressent sur ce qui était naguère champs et terrain vague. Les verrières sont disposées autrement; le mur de fond n'est pas à jour et porte une grande fresque de Mlle Reyre : le triomphe de sainte Thérèse, en présence

Église Sainte-Thérèse à Montmagny (S.-et-O.).
1925.

Église Sainte-Thérèse à Montmagny (S.-et-O.).
1925.

de la Sainte Trinité, y déploie une figuration colorée qui s'harmonise avec les lignes de l'édifice. Tandis que, vu de l'extérieur, le rapport entre le soubassement plein et la dentelle de béton qui sert d'armature aux vitraux procure une pleine satisfaction, l'intérieur, avec sa merveilleuse atmosphère de lumière et de couleur, suggère, au moins autant qu'au Raincy, le nom de Sainte-Chapelle du béton armé. L'édifice s'impose d'emblée par une impression d'unité parfaite. La qualité de l'exécution ajoute aussi beaucoup à notre plaisir. Grâce à un concours particulier de circonstances, c'est une équipe où tous méritaient le rang de contremaître qui a construit Sainte-Thérèse de Montmagny. L'œuvre a bénéficié d'une habileté et de soins exceptionnels. On voit ainsi quel aspect précieux peut prendre le béton bien travaillé.

OEUVRES DIVERSES

Leur passion du nouveau et du moderne n'empêche pas les frères Perret de prendre fort à cœur, le cas échéant, des travaux de restauration. J'ai déjà parlé de la maison de campagne de Bièvres ainsi que des arrangements extérieurs et intérieurs qu'ils y avaient exécutés avec beaucoup de goût. Mais la construction primitive ne datait guère que du règne de Charles X. Lorsqu'on appela les frères Perret dans la Creuse, à Saint-Vaury, la tâche dont il s'agissait pouvait sembler de pure archéologie. Ce fut justement ce qui les intéressa. Le clocher de l'église avait été ruiné par un incendie ; la flèche s'était écroulée : il ne restait qu'une vieille tour du XIe siècle avec des murs épais de 3 mètres. Auguste Perret voulut prouver qu'un architecte moderne n'est nullement obligé de faire du pastiche pour réparer un monument ancien, mais qu'il doit au contraire employer les matériaux et le style de son temps. C'est affaire de tact et de goût que de faire vivre ensemble l'ancien et le neuf. C'est ce que l'on voit à Saint-Vaury. La vieille tour du XIe siècle se termine aujourd'hui par une flèche en béton formée avec les *claustra* du Raincy. Les abat-sons et la croix portent la même marque d'origine, et, tout en haut, le coq traditionnel est un de ces animaux stylisés qui sortent des mains du sculpteur Pompon. Tout cela s'arrange fort bien sans paradoxe, sans dépayser les gens du cru (pl. XXXIV). En somme, Blondel, au XVIIIe siècle, fit-il autrement lorsqu'il appliqua son beau portail classique — depuis détruit par les Allemands au nom du purisme architectural — sur la façade gothique de la cathédrale de Metz ?

Dans la chapelle du Prieuré, à Saint-Germain-en-Laye, Auguste Perret avait affaire à une belle construction du XVIIe siècle, pleine de force et

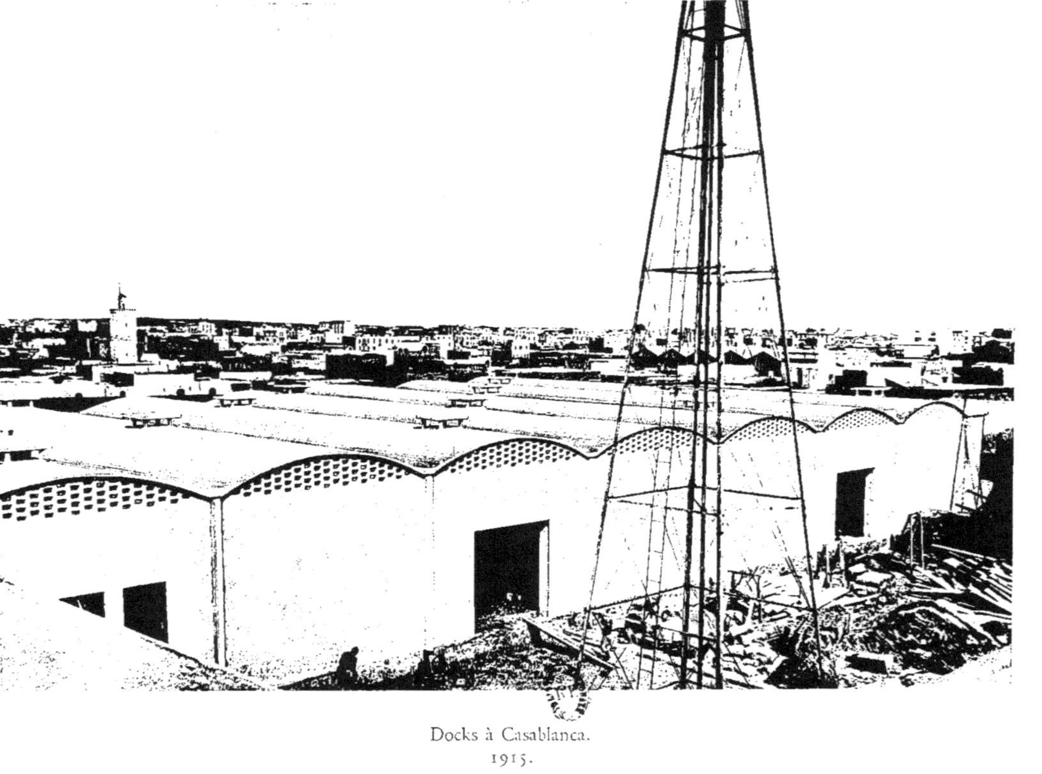

Docks à Casablanca.
1915.

Atelier de confection.
Avenue Philippe Auguste.
1919.

Le Clocher de Saint-Vaury après restauration.
Le Coq du clocher par Pompon.
Le Clocher de Saint-Vaury avant l'incendie.

de simplicité, mais abandonnée depuis longtemps. Tandis que Maurice Denis, possesseur et restaurateur de l'édifice dont fait partie cette chapelle, composait lui-même la plus grande partie du décor intérieur : deux grandes lunettes à la fresque, Chemin de Croix peint à l'huile, et trois magnifiques verrières (1), Perret aménageait les murs, la chaire, les boiseries où s'encastrent les quatorze stations du Chemin de Croix, l'autel et, d'une façon générale, le mobilier liturgique. Cela fut fait avec une telle discrétion que rien ne s'oppose au style du noble vaisseau de pierre, bien que tout porte la marque de notre temps et de la personnalité de l'artiste.

Les frères Perret ne se sentent inférieurs à aucune des plus hautes ni des plus glorieuses tâches de l'architecte, mais ils ne dédaignent non plus aucun travail utilitaire. Ils professent même que le vrai architecte sait montrer son talent en aménageant des bureaux aussi bien qu'en élevant un théâtre ou un hôtel de ville. C'est avec plaisir qu'ils ont donné leurs soins à la transformation du hall de la Société marseillaise de crédit, rue Auber (1924). Ils ont créé des aménagements nets, logiques, pratiques, où, sans ornementation superflue, le stuc poli des colonnes lisses et l'amarante des meubles aux formes simples et nues suffisent à exprimer cette élégance et cette richesse qui doit accueillir le client d'une banque et lui donner confiance ; et leur coquetterie fut d'exécuter leurs travaux sans qu'on eût besoin d'interrompre le cours habituel des affaires (pl. XXXV).

Dans un ordre d'idées analogue, il faut signaler le vaste atelier pour peintre de décors de la rue Olivier-Métra. Nul ornement, mais, simplement parce qu'il est bien conçu en vue de son usage, il a sa beauté originale ; c'est une longue voûte cintrée avec jour latéral, une sorte de tunnel de lumière où les immenses toiles auxquelles les peintres travaillent avec leurs larges pinceaux sont déployées et étendues sur le sol (pl. XXXV).

Entre 1915 et 1926, Auguste Perret a exercé son invention sur un autre thème qui, quoique subordonné avant tout à un programme d'intérêt privé, a un rôle important à jouer dans l'esthétique urbaine. Je veux parler des petits hôtels particuliers construits pour le peintre Théo van Rysselberghe (rue Claude-Lorrain, 1915), pour M. Gaut (Parc Mont-

(1) Il faut y ajouter la remarquable et originale rose dont M. André Poncet, gendre de Maurice Denis, est l'auteur.

souris, 1924), et pour M. Mouron (Versailles, 1926), tout récemment pour une artiste russe, Mme Chana Orloff (cité Seurat, rue de la Tombe-Issoire). Ce sont des modèles de goût, de sobre élégance et d'adaptation pratique (pl. XXVI, XXXVII et XXXVIII).

Quand il faudra démolir le « Palais de bois » construit à la Porte Maillot pour la nouvelle Société d'artistes dite Salon des Tuileries (1924), ce ne sera pas sans chagrin pour Auguste Perret. Il le faudra bien cependant, car on n'avait demandé aux frères Perret qu'un abri provisoire dans l'attente de temps meilleurs, des baraquements destinés à servir un an. Or, 1926 a vu le troisième Salon à la Porte Maillot et le Palais de bois tient encore, grâce aux soins de son auteur. Les artistes s'y trouvent bien dans des salles de dimensions moyennes et largement éclairées. Si on avait eu assez d'argent pour mettre un plancher sur le sable dans lequel on marche, ces galeries sans prétention au luxe seraient presque le bâtiment idéal pour expositions de peinture et de sculpture et personne, après en avoir essayé, ne voudrait plus revenir aux voûtes écrasantes du Grand Palais ni aux mornes cavernes de ses salles. Comme son nom l'indique, le Palais de bois n'a rien à voir avec le béton armé. Il fallait ici de l'économique, du rapide, du provisoire. L'intérêt de l'expérience faite par Auguste Perret réside dans l'utilisation de matériaux courants tels qu'on les trouve dans le commerce, madriers et chevrons, cette utilisation aboutissant, par le moyen d'un plan logique et ingénieux, à un effet réellement esthétique dans sa simplicité élémentaire. L'opération fut terminée en sept semaines et par mauvais temps. Il ne fut pas donné sur le chantier un coup de scie; on ne fit qu'agencer et ajuster madriers et chevrons dans une suite de travées de 5 sur 5, avec des parties plus hautes et d'autres plus basses, produisant des jeux de lumière et marquant un rythme (pl. XXXIX-XL).

A. — Hall de la Société Marseillaise de Crédit.
1923.

B. — Atelier pour peintre de décors. Paris.
1922.

B. — Maison de M. G. à Paris.
1924.

A. — Hall du Crédit National hôtelier.
1925.

A. — Salle à manger d'une maison transformée
à Bièvres (S.-et-O.).
1910.

B. — Maison à Versailles. Studio et salle à manger.
1926.

Maison de Madame C. O., sculpteur.
1926.

LE THÉATRE DE L'EXPOSITION

1925

(Pl. XLI-XLIV)

Le Théâtre de l'Exposition de 1925 est un autre exemple d'un bâtiment provisoire, mais il avait à réaliser un programme infiniment plus riche et plus complexe. Moins heureux que le Palais de bois, il est déjà détruit après une existence de quelques mois, et, dans cette courte existence, il n'a même pas eu l'occasion de mettre en pleine activité les ressources fécondes et neuves dont son auteur l'avait doté. Mais ce n'est pas la faute de Perret si les directeurs de théâtre sont moins hardis ou moins amis de la nouveauté que les architectes.

Le principe adopté pour la construction montre avec quelle souplesse Auguste Perret se plie aux programmes donnés et aux circonstances de fait. Ce chef des champions du béton armé, qui a créé les premiers modèles monumentaux de l'architecture nouvelle tant pour le théâtre que pour l'église et qui, dans des édifices simplement utilitaires, nous a montré partout les applications du béton, a compris qu'il serait déraisonnable de faire en béton armé, en indestructible béton, une construction si éphémère. Sur ce même terrain de l'Exposition des Arts décoratifs, on a vu des architectes, peu expérimentés ou convertis de fraîche date, qui, dans leur zèle pour le moderne, ont positivement abusé du béton, et c'est Auguste Perret qui leur prêchait par son exemple la modération. Suivant comme toujours son axiome fondamental d'économie, il a ingénieusement associé le bois, le béton et le métal. Il n'a même pas craint de recourir à un agencement paradoxal qui fait du modeste sapin le support du béton. Le paradoxe n'est d'ailleurs qu'apparent. Comme le fait remarquer M. Yvanhoé Rambosson dans un excellent article sur le *Théâtre de l'Exposition*, les deux matériaux ont la même résistance (40 kgr.) à la compression. La préférence attribuée au moins coûteux s'imposait donc là où l'emploi en était possible, l'infériorité du bois pour la durée étant, en l'espèce, indifférente.

La construction comporte essentiellement trente-quatre poteaux de bois soutenant une enrayure en béton armé. La couverture repose sur des poutres métalliques. En bois, les pièces chargées debout; en béton de mâchefer armé (moins coûteux que le béton classique, moins durable aussi, par cela même d'un emploi indiqué ici) les pièces fléchies et chargées; en acier, les pièces fléchies sans charge; tel est le principe mesurant à chaque matière sa part en vue de l'économie générale. Les remplissages entre poteaux sont en pan de bois latté et enduit au plâtre gros. Les vides entre lattis sont remplis de mâchefer par précaution contre l'incendie.

Le dessein conçu par Auguste Perret fut d'édifier aussi simplement que possible un lieu de rencontre et de contact entre le drame et le public. Il voulait qu'on y pût jouer sans décors et sans trompe-l'œil, quelques accessoires et l'éclairage au moyen d'un puissant orgue de lumière suffisant pour créer la localisation et l'atmosphère, tandis qu'une scène à dispositions multiples permettrait une action plus rapide ou même plusieurs actions simultanées. Idée qui hanta les esprits au moyen âge, au temps de Shakespeare et même plus tard (1), et que les facilités actuelles de construction devraient faire renaître, afin d'inspirer aux auteurs de nouveaux moyens dramatiques.

Pour remplir ce programme, les frères Perret construisent une salle qui contient la scène; autrement dit, l'architecture de la salle se poursuit sur la scène et réciproquement. Suivant l'expression dont Auguste Perret

---

(1) Répondant aux prétentions de M. Henry van de Velde, Auguste Perret rappelle très opportunément ce dessin d'un inconnu du XVIIIe siècle qu'on peut voir au musée de l'Opéra et qui représente « trois scènes distinctes disposées exactement comme celles du théâtre de l'Exposition, mais séparées entre elles par des colonnes jumelées » (*L'Amour de l'Art*, juillet 1925, p. 239-40). Voy. aussi Hautecœur, *Projet d'une salle de spectacle* (*l'Architecture*, 10 fév. 1924), qui cite deux intéressants projets de scène tripartite par Potain (1763) et Ch.-N. Cochin (1765).

Le Palais de bois.
1924.

Le Palais de bois.
1924.

Théâtre de l'Exposition des Arts Décoratifs.
1925.

se servait volontiers en faisant visiter son théâtre, la scène est dans la salle, comme l'abside est dans le temple. Éclairant du même coup l'un et l'autre, une galerie d'électricité, disposée en haut et autour de la salle, s'ouvre par de nombreuses baies contenant des projecteurs. Au-dessus de cette galerie règne un plafond lumineux, d'où la lumière se diffuse partout sans que le foyer en soit visible. Un des avantages de ce parti est de supprimer cette misérable installation des projecteurs au milieu du public, telle qu'on la voit jusqu'ici dans presque tous les théâtres. La galerie d'électricité constitue aussi un décor pour la salle, le vrai, celui qui est donné par un organe de nécessité. Le mur de la scène peut s'éclairer, non pas tant pour produire une impression d'infini que pour créer l'atmosphère voulue. Des boîtes de lumière placées sous des grilles dans le plancher de la scène et de nombreuses prises de courant complètent l'éclairage. Le jeu d'orgue, manœuvré par l'électricien, est placé dans la galerie d'électricité au fond de la salle, de telle manière que l'opérateur voit à la fois et la salle et la scène. En somme, la lumière, ses mouvements et ses jeux sont la vie et le décor du théâtre.

Un proscénium transformable, donnant des dispositions différentes, permet une fosse d'orchestre.

A la demande de la Commission du Théâtre, les frères Perret ajoutèrent à la scène un dessous et un dessus, avec quelques équipes, offrant la possibilité de l'utiliser comme une scène ordinaire. Nos architectes craignaient que ce ne fût une bien grande tentation pour des directeurs ou des auteurs peu enclins au risque. L'événement montra que cette crainte n'était que trop justifiée. Dans ce théâtre aux agencements inédits faits pour stimuler l'imagination des hommes du métier, on a joué la comédie le plus banalement du monde, comme si l'on s'efforçait de faire oublier au public qu'il n'était pas dans un théâtre pareil à ceux du boulevard.

Dans cet édifice où rien n'était mis pour l'ornement, il y avait partout une élégance neuve et pourtant naturelle et de la beauté vraie. L'élégance, sobre et fine, on la trouvait dès le péristyle, puis dans l'atrium avec ses escaliers et ses deux paliers peu élevés. Passant de là dans la salle, on avait une impression de grandeur, sans toutefois que ce contraste voulu et légitime rompît l'unité de l'édifice : grandeur tenant, comme dans l'art classique, à la mesure et à la justesse des proportions. Ce quinconce de hautes colonnes minces largement espacées, qui de la scène s'avance jusque dans la salle, évoquait, on ne sait comment, l'idée de Propylées modernes. A l'extérieur, le théâtre présentait principalement au public une de ses faces latérales. C'était un long mur aveugle, et ce mur portait bien la marque du goût d'un grand architecte. Beau par ses proportions, il n'avait pour ornement qu'un attique fait de balustres accolés et, à de larges intervalles, des colonnes engagées. Mais ces détails, si en valeur sur de grandes surfaces nues, n'étaient pas là pour le décor. L'attique aux balustres, c'était la frise de ventilation. Les colonnes engagées, c'étaient des poteaux doublant à l'extérieur ceux qui soutenaient la carcassè de l'édifice, pour en maintenir la solidité en cas d'incendie intérieur.

A. — Théâtre de l'Exposition des Arts décoratifs.
Le Péristyle.
1925.

B. — Théâtre de l'Exposition des Arts décoratifs.
Vestibule promenoir des fauteuils d'orchestre
et départ de l'escalier.
1925.

Théâtre de l'Exposition des Arts Décoratifs.
La triple scène.
1925.

A. — La salle vue de la scène.

B. — La salle (partie haute).

Théâtre de l'Exposition des Arts Décoratifs.
1925.

LA TOUR DE GRENOBLE

1925

(Pl. XLV-XLVI)

C'est encore un ouvrage d'exposition que cette « Tour d'orientation »,
commandée par le Touring Club pour marquer en quelque sorte le centre
monumental d'une région de grand tourisme. Elle s'élevait, en 1925, au
milieu de l'Exposition dite de la Houille blanche, dont la ville de Grenoble n'avait pas craint de prendre l'initiative au moment même où Paris
appelait les visiteurs du monde entier dans son Exposition internationale
des Arts décoratifs. Mais, Dieu merci, l'Exposition finie, la Tour reste et
restera dans son cadre de beaux jardins, en vue d'un immense panorama
alpestre. C'est jusqu'ici un des plus précieux exemples de ce que peut faire
le béton armé et un des chefs-d'œuvre de l'architecte, à la fois ingénieur
et artiste, qui en est l'auteur. Il serait injuste de démontrer avec insistance
sa supériorité sur la Tour Eiffel. Celle-ci écarte largement ses quatre pieds
pour se tenir debout et monter jusqu'à 300 mètres; l'aire de sa base est
exactement de 1 hectare. Reconnaissons qu'avec le fer il était impossible de
faire autrement ni mieux. Elle fut en son temps une parfaite prouesse de
construction et, quoi qu'on en ait dit, elle a son esthétique, qui est bien
celle du fer. La Tour de Grenoble s'élève jusqu'à 95 m. 50 et elle n'a que
7 m. 95 de diamètre à la base. Ces mesures, que le béton peut seul permettre
et qui donnent une idée de la virtuosité du constructeur, ne constituent pas
toute sa valeur architecturale; toutefois elles contribuent singulièrement
à la beauté de ce monument si droit, si net, si pur, qui jaillit comme une
ance solidement plantée en terre. Le parti des lignes ascensionnelles, qui

est d'ailleurs un des traits du style propre d'Auguste Perret, ne va pas sans des repos calculés d'où résulte un rythme, depuis l'espèce d'anneau de Saturne que forme, à quelques mètres au-dessus du sol, la marquise en dalles de béton comme au Théâtre des Champs-Élysées, jusqu'à la flèche terminale dont le trident à branches inégales porte les trois roses du blason de Grenoble. Ces repos, ce sont les enrayures qui contreventent l'édifice. Extérieurement elles se traduisent par trois bandeaux à œils-de-bœuf carrés passant sous les huit poteaux de béton « profilés » qui accusent le plan octogonal de la Tour et qui montent d'un seul jet jusqu'à la première plate-forme. Sur les huit pans de la Tour, des *claustra* en ciment ajouré font un dessin semblable à des écailles ou à certains ouvrages de vannerie, rappelant la couverture des vieux clochers gothiques de Bourgogne. Combinés avec les sveltes verticales et les ceintures horizontales, ils forment un décor très élégant, raffiné même, mais nullement artificiel, puisqu'il ne fait que manifester un aspect ingénieusement obtenu de la matière qui est, peut-on dire, la chair même de ce corps athlétique. A la première plate-forme, le noyau central de la Tour se rétrécit, tandis que les poteaux se prolongent en fûts circulaires délimitant, entre deux balcons, une loggia, à la fois ouverte et abritée, qui offre un premier point de vue sur le panorama des montagnes. La terrasse qui sert de plafond à cette loggia contient la table d'orientation. C'est là que s'arrêtent les ascenseurs. Le tronçon supérieur, plus étroit encore, est le haut soubassement d'un lanterneau ajouré dans lequel un petit escalier tourne, à l'air libre, autour d'un pilier central.

J'ai comparé la Tour de Grenoble à une lance. On pourrait dire : une lance dont un bambou forme la hampe, les enrayures figurant les nœuds caractéristiques de cette tige. C'est une œuvre d'art travaillée avec l'élégance et le raffinement qu'on pourrait attendre d'un ciseleur pour un instrument de précision, et cette œuvre d'art nous apparaît en quelque sorte comme un symbole monumental de l'esprit scientifique.

Le style en est neuf, inventé, tout spontané en apparence, en réalité profondément réfléchi ; mais l'effet général est classique par la mesure, le goût, la netteté de composition et de contour.

On comprend quel est l'effet de cette Tour dans une vaste plaine que limite au loin la chaîne des Alpes. L'œil voit en même temps la Tour qui

Tour d'orientation à Grenoble.
1925.

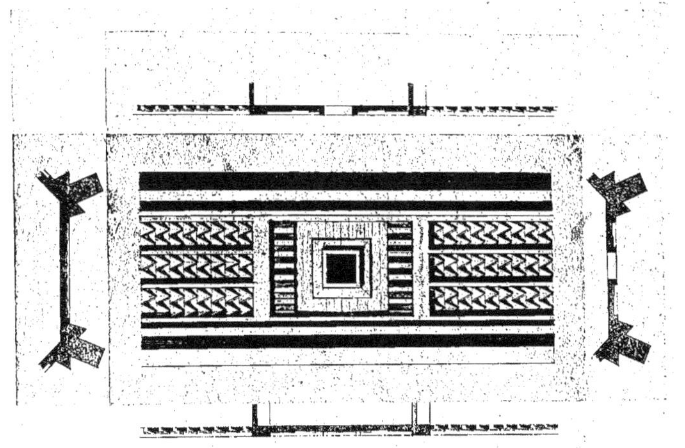

B. — Détail des remplissages.

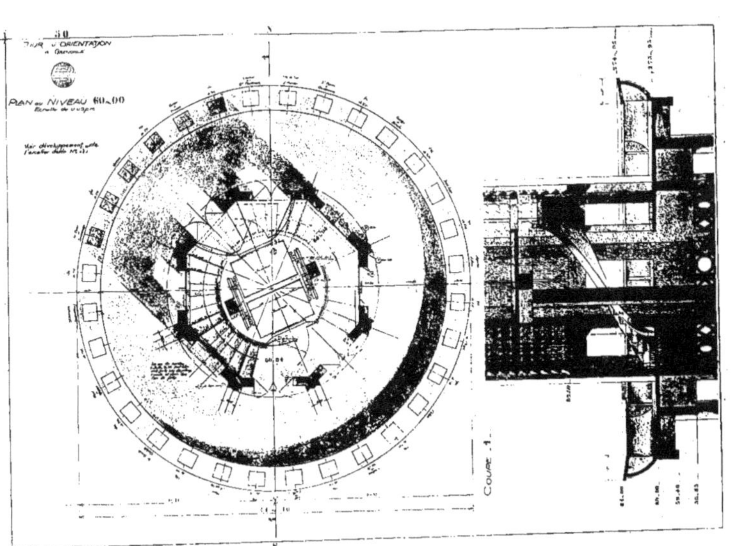

A. — Plan et coupe de la Table d'orientation.

Tour d'orientation à Grenoble.
1925.

s'élève vertigineusement dans le ciel et, vers la base de cette Tour, la ligne dentelée des montagnes. On sait qu'elles sont très hautes, ces montagnes, et la neige de leurs cimes nous le rappelle. La Tour de Grenoble grandit de toute la hauteur de ces Alpes que, par l'effet de la perspective, elle semble dominer.

LA BASILIQUE DE SAINTE-JEANNE D'ARC

1926

(Pl. XLVII-XLVIII).

Le 13 septembre 1914, au lendemain de la bataille de la Marne et dans l'attente de la victoire finale, le cardinal Amette faisait le vœu d'élever une église à Jeanne d'Arc en reconnaissance de son intercession. Vers la fin de 1925, S. E. le cardinal Dubois décida de réaliser le vœu de son vénéré prédécesseur. Dans l'intervalle, Jeanne d'Arc, qui avait reçu, en 1909, les honneurs de la béatification, avait été canonisée et solennellement proclamée patronne de la France. Une Commission élabora un programme. Un emplacement fut désigné, le plus émouvant qu'on pût souhaiter, celui de la vieille église Saint-Denis de la Chapelle, où la Pucelle d'Orléans a prié et communié avant de donner le signal de l'assaut.

Le 20 mars 1926, la *Semaine religieuse* publie le programme et les conditions d'un concours à deux degrés. Tous les architectes français y sont invités. La Commission déclare expressément laisser la plus grande latitude aux concurrents. Parmi eux, cinq au moins, dix au plus seront choisis pour prendre part à une seconde épreuve, laquelle sera définitive. On leur demande surtout de ne pas perdre de vue « le caractère religieux, national et glorieux » d'un édifice élevé en action de grâces à Dieu et en ex-voto à une sainte qui a, jadis par son action et son sacrifice, aujourd'hui par sa protection céleste, assuré le salut de la France dans les deux plus graves périls que connaisse notre histoire.

On devra, en outre, conserver et introduire dans le plan de l'église neuve ce qui reste de l'antique église et, notamment, les six piliers qui en sont les témoins les plus vénérables. L'édifice devra pouvoir contenir deux mille personnes; il sera largement éclairé et pourvu de dépendances spacieuses, pratiquement aménagées.

Ceux qui suivent depuis des années la carrière d'Auguste Perret, ceux qui connaissent son expérience exceptionnelle des moyens que l'état actuel de l'industrie met à la disposition de l'architecte et son ingéniosité sans rivale à en tirer parti pour la plus grande utilité et la plus grande beauté, ceux enfin qui savent que chacune des œuvres qu'il a signées avec ses frères marque une initiative féconde et une étape dans le développement rationnel de l'architecture moderne, ceux-là se disaient : « Voilà un programme qui est fait pour passionner le plus original et le plus pratique, le plus hardi et le plus sage de nos architectes. Si le jury ne se dérobe pas aux promesses de ce programme, nous aurons chance de posséder bientôt un monument qui, par la simplicité et la grandeur de la conception comme par la logique du plan, sera l'œuvre marquante de notre génération. »

Hélas! il est impossible de comprendre sur quels principes se fonde le jugement qui a été rendu. Une phrase du texte rédigé par M. Cordonnier, président du jury, pouvait faire supposer des préférences pour le gothique : « La Commission, dit cette phrase, avait eu tout d'abord la pensée d'imposer le *style gothique* comme répondant le mieux à l'époque même de Jeanne d'Arc, aussi bien qu'au voisinage de l'église actuelle, dont certaines parties, historiquement, sont précieuses et dont la restauration gothique s'impose. » Ces préférences ou, si l'on veut, ces préjugés sont aussi, on le sait, très en faveur dans le clergé et dans le public. Il est vrai que la phrase suivante répudiait une obligation qui eût limité trop étroitement l'essor imaginatif des artistes. Cependant on n'aurait pas été très surpris si, celui des frères Perret ayant été éliminé, les huit projets retenus par le jury avaient porté plus ou moins ostensiblement la livrée gothique. Il n'en est rien. Tous les styles y sont représentés, y compris ceux du décor de théâtre à la Jusseaume, de l'architecture en carton-pâte et de la bâtisse pour Exposition universelle. On en voit même qui paraissent afficher un « modernisme » assez provocant. Mais ce qu'on n'y trouve guère, c'est une étude constructive sérieuse ou une vue heureuse de ce que peut être le monument d'un vœu national en 1926. Les exigences élémentaires du programme ne sont même pas toujours respectées. Ici ou là, le terrain n'est pas utilisé dans son entier et il est évident que telle ou telle de ces églises est incapable de recevoir deux mille personnes.

Parmi les projets que le jury a dédaignés, deux ou trois étaient, selon moi, supérieurs à la plupart des huit qui furent favorisés. Un seul s'imposait, non pas seulement à l'attention, mais, le mot n'est pas trop fort, à l'admiration : c'est celui des frères Perret. Aucune explication ne peut rendre compte d'un tel déni de justice, si ce n'est le parti pris, soit contre la personne même d'un artiste, soit contre ses idées. Or ces idées, ce sont celles qui, dans la mesure où elles s'y faisaient jour, ont donné son sens et sa portée à l'Exposition internationale des Arts décoratifs. C'est vers elles que se tourne avec ardeur et confiance tout ce qui compte dans la jeunesse, même la jeunesse inscrite à l'École des Beaux-Arts. Auguste Perret aime à les résumer, dans une formule saisissante qu'il a trouvée un beau jour en lisant Rémy de Gourmont, lequel l'avait trouvée dans le *Discours* de Fénelon à l'*Académie française :* « Il ne faut admettre dans un édifice aucune partie destinée au seul ornement ; mais, visant toujours aux belles proportions, on doit tourner en ornement toutes les parties nécessaires à soutenir un édifice. »

Pourquoi ne garderions-nous pas quelque espoir ? N'a-t-il pas été stipulé qu'on ne serait pas lié par les résultats du concours ? Pourquoi le cardinal archevêque de Paris ne penserait-il pas que, chef d'un diocèse sur lequel convergent les regards de toute la France chrétienne, il lui appartient, dans une circonstance si importante, si exceptionnelle, de prendre une décision qui, auprès de la postérité, lui fera honneur à lui-même ainsi qu'à l'Église et à notre temps ? Pourquoi ne se souviendrait-il pas que l'Église autrefois a su soutenir les grands artistes, même les plus novateurs ? Il serait peut-être critiqué aujourd'hui et tant que durent les luttes de partisans ; plus tard il serait universellement loué et glorifié. L'évêque de Versailles, Mgr Gibier, qui, trois ans auparavant, bénissait et consacrait Notre-Dame du Raincy, a voulu tout récemment, en accomplissant les mêmes actes de son ministère à Sainte-Thérèse de Montmagny, manifester sa haute estime et sa paternelle sympathie aux frères Perret en tant que modernes constructeurs d'églises. Il est vrai que les églises du Raincy et de Montmagny ne sont que de bien modestes édifices et n'ont exigé que de bien faibles dépenses en comparaison de ce que sera et de ce que coûtera la basilique votive de Sainte-Jeanne d'Arc.

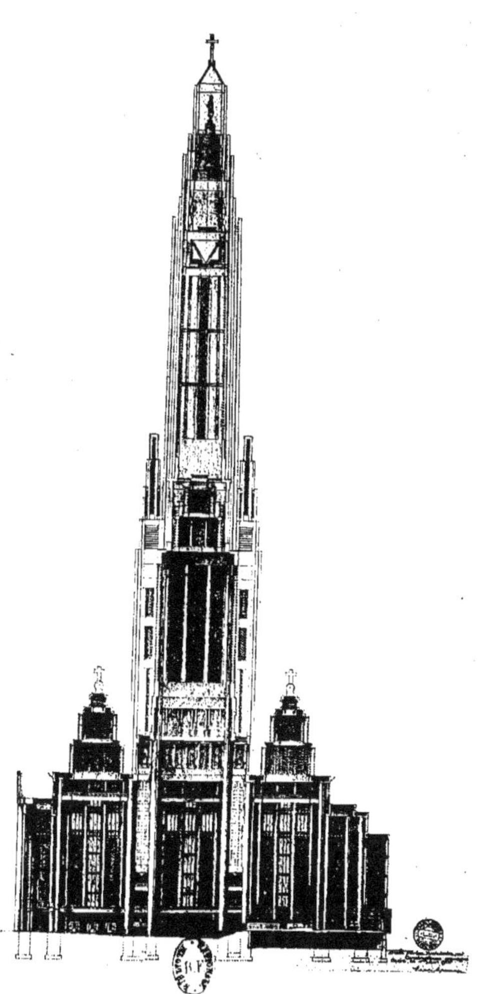

Basilique Sainte-Jeanne-d'Arc.
Coupe longitudinale.
Concours 1926.

Mais cette différence n'est-elle pas justement à l'image de celle qui existe entre le diocèse de Versailles et celui de Paris? L'église du Raincy est aujourd'hui célèbre dans le monde entier pour son originalité artistique et technique ainsi que pour son insigne valeur d'exemple; celle de Montmagny, qui vient seulement d'être livrée au culte, aura la même destinée.

La basilique de Sainte-Jeanne d'Arc offrait à l'imagination créatrice d'Auguste Perret un champ plus vaste, tandis qu'elle mettait en jeu des sources d'inspiration plus hautes; il ne sentirait plus, comme au Raincy et à Montmagny, la dure contrainte de faute d'argent. Il s'est donc, pour la première fois peut-être, depuis le Théâtre des Champs-Élysées, donné libre carrière. Son projet annonce une grande œuvre lyrique. Mais ce lyrisme qui éclatait dans les dessins exposés à l'hôtel Roland Bonaparte, dessins d'un *rendu* admirable comme on dit à l'École (car là non plus les Perret n'avaient à craindre aucune rivalité), ce lyrisme n'est pas de la fantaisie arbitraire, à la manière de ces architectes qui croient avoir tout fait quand ils ont fait des prouesses de crayon et qui ne s'occupent pas de la réalisation sur le terrain. Le lyrique dessinateur Perret est un constructeur réaliste qui ne laisse rien au hasard, qui a tout strictement calculé. Il nous dit: « Je ferai un clocher en béton armé, haut de 200 mètres, qui sera le couronnement même de tout l'édifice. A l'intérieur, jusqu'à 110 mètres, le regard, en s'élevant, ne rencontrera que du vitrail. L'édifice sera entièrement terminé, les dépendances comme le vaisseau principal, dans trois ans, pour le cinquième centenaire du jour où Jeanne d'Arc a prié en ce même lieu; et je ne dépasserai pas la somme de 14.575.000 francs, au cours actuel du franc, restant ainsi en dessous du chiffre de 15.000.000 donné par l'archevêché. Dans cette somme est compris l'aménagement du presbytère, de la salle des catéchismes et des sacristies. En outre, j'établis une horloge avec ses quatre cadrans mus par l'électricité; je mets 20 tonnes de cloches dans les petites tours qui flanquent la tour centrale; j'installe un orgue de 52 jeux qui vaut 400.000 fr.; je compte pour 250.000 francs un calorifère qui maintiendra partout une température convenable. Rien des glacières que sont non seulement toutes nos vieilles cathédrales gothiques, mais même les grandes églises de pierre plus récentes, comme Saint-Sulpice. Et cela, malgré la hauteur inusitée de l'édifice, malgré les immenses surfaces de verre. Ces

parois transparentes seront doubles, d'ailleurs, laissant libre un intervalle de 60 à 70 centimètres, une espèce de couloir, dans lequel un
homme pourrait passer; ce qui, en assurant l'étanchéité parfaite des
murs, facilite le chauffage. »

Quand Auguste Perret parle ainsi, il sait ce qu'il dit et qu'il peut faire
ce qu'il dit; il sait aussi que, unissant la qualité d'entrepreneur à celle
d'architecte, il est jusqu'à présent le seul à pouvoir le faire.

Ce clocher de 200 mètres, qui porte à son sommet, dans un lanternon
ajouré, la statue d'or de la sainte, ce n'est pas un ornement, ce n'est pas
non plus, comme les hauts campaniles d'Italie, un membre détaché de
l'église et qui pourrait à la rigueur ne pas exister. Il fait vraiment corps
avec l'édifice qu'il couronne; il est l'église même, il incarne l'idée dont elle
s'inspire. Toute église doit s'élever en hauteur, tendre vers le ciel. C'est la
façon la plus naturelle et la plus belle d'exprimer l'élan de la prière. Mais,
pour une église votive, telle que la basilique de Sainte-Jeanne d'Arc, cette
aspiration à l'altitude est plus justifiée que partout ailleurs. Cependant,
cet admirable clocher ne va pas se dresser tout d'une venue dans le ciel.
Il faut sur cette verticale de 200 mètres des repos; sans quoi l'œil aurait
peine à mesurer une telle élévation et l'effet visé par le constructeur serait
en grande partie manqué. On n'a pas à craindre qu'Auguste Perret oublie
cette précaution. Dans tout ce qu'il construit, toujours, au bon endroit,
se trouve quelque élément qui, rappelant les proportions de la figure hu-
maine, fait d'emblée apparaître l'échelle de l'édifice. C'est par degrés, par
bonds successifs, qu'est atteinte la hauteur où la croix, au-dessus de la
sainte, plonge dans l'azur. Tandis que deux petits dômes quadrangulaires
flanquent le dôme central qui est la base du clocher, le clocher lui-même est
une ascension d'aiguilles en retraite les unes sur les autres et inscrivant
sur cette altière verticale un rythme qui se perçoit au premier coup d'œil.
Ce rythme est plastiquement le signe lyrique de la hauteur, et il semble en
même temps avoir une signification spirituelle et morale. On pense à des
bras tendus vers Dieu, à des bras de prière, à des bras d'offrande, aux bras
de tout le peuple chrétien qui s'associe au vœu de son pasteur.

Seul, le béton armé rend possible une telle œuvre. Suivant les circonstances de temps et de lieu, on a vu, ici ou là, le règne légitime, tantôt de
la pierre, tantôt de la brique ou du fer. Aujourd'hui, et pour tout pays,
c'est le tour du béton armé. Un architecte qui de nos jours se prive du

béton et des prodigieuses ressources qu'il y trouverait se conduit comme un homme d'affaires ou un industriel qui refuserait d'installer chez lui le téléphone ou l'électricité. Mais il ne suffit pas d'employer le béton armé comme par grâce et pour céder à une mode qui commence, ainsi que font certains qui produisent des ouvrages hybrides et gâtés par les compromis. Il faut que le béton gouverne, il faut qu'il fasse partout sentir son pouvoir et ses vertus propres. Évidemment, il est plus favorable à la verticale qu'à toute autre ligne. Mais l'architecture gothique, que d'autres motifs ont conduite à la même prédilection, est là pour nous apprendre ce que la verticalité peut donner de beauté, de richesse et de variété. Il se prête aussi à des revêtements précieux. Mais qu'il ne craigne pas de se présenter sans masque ! Auguste Perret peut, si on le lui demande, revêtir de stuc la façade de son église jusqu'à une hauteur de 15 mètres. Au delà, l'œil ne voit pas la différence. Mais notre architecte aime infiniment mieux laisser le béton apparent, même à portée du regard, car le béton bien travaillé, « bouchardé », comme on dit, et même poli, peut prendre un aspect comparable à celui du granit, c'est-à-dire de la plus belle, de la plus dure, de la plus durable des matières autrefois considérées comme précieuses, et il durera plus longtemps que le granit.

L'immense clocher de Sainte-Jeanne d'Arc repose sur quatre groupes de quatre poteaux en béton armé. C'est l'armature de tout l'édifice et de là tout le plan, simple et grand, découle. Il n'y a pour ainsi dire pas de murs. Tout est vitrail. La porte franchie, on ne voit autour de soi, jusqu'au socle des lanternons, qu'une dentelle de béton remplie de verres colorés. Est-il possible de rêver pour une église une atmosphère plus religieuse, plus mystique, plus exaltante que cette féerie de lumière qui se perd dans la hauteur ? Il n'y a ici de spécifiquement gothique que les piliers conservés de la vieille église où pria Jeanne d'Arc avant la bataille et qui forment, sur la droite de la nef, la chapelle des fonts baptismaux. Mais on peut dire que tout est pénétré du même esprit qui inspirait les plus belles audaces de nos grands architectes du Moyen Age.

Entre le clocher et le vaisseau qui le supporte, règne une unité qui n'a jamais été réalisée dans nos vieilles cathédrales. Cependant cet immense clocher qui est toute l'église, c'est ce que rêvaient les gothiques. Notre-Dame de Paris, Notre-Dame de Reims étaient conçues pour ériger dans le ciel sept grandes flèches : deux sur les tours, quatre aux tourillons des

transepts, une au-dessus de la croisée, dépassant toutes les autres et formant comme la pointe du faisceau. On a été parfois jusqu'à neuf. Si habiles
que fussent les constructeurs des XIIIe et XIVe siècles, ils ne purent réaliser
un tel programme, qui est à proprement parler inexécutable en pierre.
Aucune voûte ogivale de pierre ne résisterait au poids de ces énormes pyra-
mides. C'est déjà merveilleux que nos grandes cathédrales, même dans
l'état où nous les voyons, aient pu tenir. Mais, ne l'oublions pas, aucune
n'est venue à nous dans la forme parfaite qu'avait prévue l'esprit de son
créateur. La plus inachevée est celle de Beauvais, parce que c'est celle
où le constructeur a prétendu monter le plus haut, celle qui ressemble le
plus à ce que veut et peut faire aujourd'hui un Auguste Perret. Grâce au
béton armé et avec les modifications qu'implique son emploi, Auguste
Perret nous offre, par-dessus cinq ou six siècles, l'épanouissement de l'idéal
du Moyen Age.

*
* *

Cependant, on constate avec tristesse combien de préjugés subsistent
encore chez nous contre le béton et, par voie de conséquence, contre son
principal champion.

L'épisode le plus regrettable de cette résistance date du Théâtre des
Champs-Élysées. Lorsque cet édifice fut achevé, l'opinion, mal informée,
se trouva incertaine. Presque tout ce qui se construisait alors à Paris
ne faisait que varier plus ou moins élégamment le pastiche du style
Louis XVI ou bien répétait les formes contournées et bizarres de ce qu'on
avait appelé aux environs de 1900 l' « art nouveau ». La surcharge orne-
mentale était partout. Le public ignorait totalement les travaux antérieurs
d'Auguste Perret depuis 1902 (Maison de la rue Franklin); dans la critique
même, personne ne paraissait savoir que la révolution pleinement accomplie au Théâtre de l'avenue Montaigne était annoncée, affirmée dans tout
l'essentiel de son programme, au Garage de la rue de Ponthieu. On fut donc
surpris, déconcerté par un édifice où l'on voyait un minimum de moulures,
où les colonnes n'avaient pas de chapiteaux et dont les caractéristiques
étaient lignes droites et surfaces nues. Là-dessus, des voyageurs qui reve-
naient d'Allemagne et des personnes qui feuilletaient les revues d'art

Basilique Sainte-Jeanne-d'Arc.
Vue du côté de l'Abside, prise de la rue de Torcy.
Concours 1926.

allemandes s'écrièrent qu'un parti pris de rigidité sans ornements était
justement le trait principal des constructions les plus récentes élevées à
Berlin, à Hambourg, à Munich, et une insinuation se répandit partout :
« Le style du Théâtre des Champs-Élysées, importation allemande! »

Il est très vrai que le béton, inventé en 1849 par le Français Joseph
Monnier, jardinier à Boulogne, ne fut pas d'abord utilisé en France aussi
largement qu'on aurait pu le souhaiter. Les Allemands eurent alors un
mérite qu'on a dû leur reconnaître en d'autres occasions : ils multiplièrent
les applications industrielles et pratiques d'un procédé dont l'invention
ne leur appartenait pas. Que ce procédé n'eût rien d'allemand dans son
origine, ils le savaient si bien qu'ils avaient pris l'habitude de le désigner
sous le nom de *Monnierbeton*. Mais, pendant longtemps, pas plus en Allemagne qu'en France, on ne vit rien qui annonçât la naissance d'une esthétique vraiment architecturale fondée sur l'emploi de cette matière nouvelle.
Or c'était là ce qu'il fallait trouver et ce qui importait pour l'avenir de
l'art moderne. C'est le titre incontestable d'Auguste Perret d'avoir créé,
par déduction logique, l'architecture du béton armé.

Il faut le proclamer sans réserve, aucune influence germanique ne s'est
à aucun moment exercée sur Auguste Perret ni sur ses frères. Si la verticale et les surfaces nues sont les communes dominantes de leurs ouvrages
en plusieurs genres, ils sont arrivés à cette formule par un chemin tout à
fait différent de celui qu'ont suivi les Allemands; — ils y sont d'ailleurs
arrivés avant les Allemands; — et le style ainsi créé par eux est un style
sain, vivant, digne d'engendrer une descendance féconde, parce qu'il est
la traduction plastique, sans compromis ni superfétation, mais avec la
nuance d'une intelligence et d'une sensibilité personnelles, des lois de la
matière employée.

Au contraire, l'architecture allemande moderne est sortie d'une esthétique préconçue, tenant sans doute à des raisons fort légitimes de psycho-
logie nationale, mais cette esthétique n'a pour ainsi dire rien à voir avec
les principes d'une renaissance architecturale rationnelle. L'honneur des
Allemands, on ne peut le contester, ce fut d'avoir, vers 1910, fortement réagi contre les extravagances de l' « art nouveau » et l'abus de
l'ornementation. L'orgueil s'accordait sans doute avec une évolution
du goût pour les pousser à rechercher dans des monuments aux lignes
verticales, d'aspect massif, sévère, colossal, une affirmation de puissance.

Mais c'est coïncidence pure, si cette esthétique qu'on pourrait qualifier d'impérialiste les a conduits à des effets qui semblent avoir quelque affinité avec le style de Perret. En fait, l'architecture moderne en Allemagne *n'est pas* une architecture du béton armé.

On ne saurait, pour s'en convaincre, choisir un exemple plus significatif que le palais construit, en 1912, pour l'ambassade d'Allemagne à Saint-Pétersbourg, par Peter Behrens, c'est-à-dire par le plus illustre des architectes allemands de notre temps (1). La façade, où la verticalité triomphe, ne manque certes pas de noblesse; mais rien n'y est commandé par l'ossature intérieure. C'est un placage arbitraire. Behrens prend la colonnade du Temple de Neptune, qu'il réduit à une sorte de schéma, mais dont il garde superstitieusement les proportions, comme s'il en avait reporté le calque sur son dessin. Puis il simplifie les détails, rabote les saillies et il applique ce masque sur une construction de fer et de brique. Le manque de coordination est tel qu'à l'intérieur de l'édifice, on ne trouve pas de lignes droites pour correspondre aux grandes verticales de la façade, lesquelles sont d'ailleurs faites de petits moellons.

Ailleurs, et jusque dans les créations les plus récentes des architectes allemands, se trahit la même conception hybride, celle d'un art qui affirme avec une sorte d'intransigeance voulue une ligne qui n'est pas celle de la matière employée. Voyez, par exemple, la maison monumentale que vient de construire M. Fritz Hoeger à Hambourg (2). Sur un soubassement en arcades s'élève une haute façade, percée de 2.500 fenêtres et striée verticalement dans toute sa hauteur par des piles de briques en saillie, aussi serrées que les rayures d'une étoffe. Elles ont l'apparence de traits qui souligneraient énergiquement la structure, comme s'il s'agissait de poteaux en béton armé. Mais ce n'est qu'une fausse apparence. D'ailleurs des poteaux de béton n'auraient évidemment pas besoin d'être aussi nombreux. Quant à ces immenses piles de briques, ce serait un contre-sens que de leur attribuer un rôle dans l'armature de l'édifice, car la brique n'est pas une matière qui résiste comme le béton aux mouvements latéraux, — le béton a seul ce privilège; — elle n'est donc pas faite pour la verticalité. En l'espèce, ces piles, dont les emplacements ne se justifient par aucune raison constructive, ne sont là que pour l'ornement, pour la couleur.

(1) *Kunst und Künstler,* mai 1913, p. 414 et suiv.
(2) *Baukunst,* janvier 1925, p. 9 et suiv.

Dans de telles œuvres, il est impossible de nier un goût pittoresque, de l'imagination, le sens de l'effet. M. Peter Behrens, M. Fritz Hoeger et leurs émules sont des artistes, — artistes plus qu'architectes. Mais on a l'impression qu'en croyant réagir contre les erreurs de 1900 ils sont tombés dans une erreur toute pareille. Cette erreur, c'est de chercher à l'extérieur, dans le décor, une renaissance de l'architecture. A la différence des promoteurs de l' « art nouveau », — il faut les en féliciter, — ils ont du moins voulu un décor sobre, sévère, et, quand ils ne dépassaient pas la mesure en visant au colossal, ils ont eu parfois le sentiment de la grandeur.

Il n'en est pas moins vrai qu'ils n'ont pas su voir quelles perspectives nouvelles les vertus propres du béton ouvraient à l'architecture. Chez eux, la plupart du temps, le béton n'est employé que comme un auxiliaire imposé par la commodité ou, plus récemment, par la mode (et cette mode n'a pas d'autre origine que les initiatives des frères Perret). Jamais il ne régit, comme il le devrait, comme il le fait dans les moindres ouvrages des Perret, l'organisme structural, ensemble et parties. Même quand ils l'ont employé seul, dans ces dernières années, ce ne fut pas toujours selon la raison. A l'Institut d'astrophysique de Potsdam, M. Eric Mendelssohn le modèle en masses compactes, à la façon d'un sculpteur qui pétrit la glaise. Aux uns et aux autres leur goût du colossal et du cyclopéen a fait méconnaître que le béton, étant à la fois la plus ductile, la plus dure et la plus résistante des matières, doit suggérer à l'architecte une loi, un idéal de légèreté.

Auguste Perret, au contraire, n'a pas obéi à un parti pris d'esthétique. S'il a été amené à un style où la verticale et le rectangle dominent, c'est par les impérieux commandements d'une logique interne. L'économie est la règle suprême en architecture. L'esthétique de Perret se résume en ces simples mots : faire le mieux possible avec le moins possible de matière et de main-d'œuvre. Par là, il rejoint les préceptes fondamentaux de tout art classique. Racine à sa façon pensait de même sur l'art et la matière. Or le béton qui permet de faire des voûtes minces comme des coquilles d'œuf et indestructibles, de supprimer presque les murs grâce à quelques points d'appui et d'élever des tours de 200 mètres, se prête mieux que toute autre matière à une telle conception d'art, la plus classique et la plus française. Du béton, les Allemands, suivant la pente de leur esprit national, ont tiré une architecture colossale, cyclopéenne, massive. Perret, même dans ses œuvres les plus géométriques, les plus dépouillées, les plus nues, est élégant, léger, aérien. Pour lui, une façade n'est que l'affirmation d'une structure, et cette structure elle-même est un organisme vivant où tout est coordination, liaison, harmonie. Ce n'est pas de ses mains que sortira jamais un plan comme celui de l'Ambassade allemande à Saint-Péters-bourg (1). Des yeux français sont stupéfaits d'y voir, sous la signature d'un artiste de grande valeur, des fautes évidentes, je ne sais quoi d'inorganique et de désarticulé, comme d'un corps dont les membres ne s'adapteraient au tronc que par juxtaposition fortuite. Dès 1905, le Garage de la rue de Ponthieu montrait que, sans ornements factices, la logique de l'ossature, la justesse des proportions et le soin donné à l'exécution sont les éléments nécessaires et suffisants d'où un génie d'ingénieur et d'artiste peut faire surgir de la beauté, la beauté originale d'une architecture qui sera l'ar-chitecture du béton armé.

(1) *Kunst und Künstler*, mai 1913, p. 431.

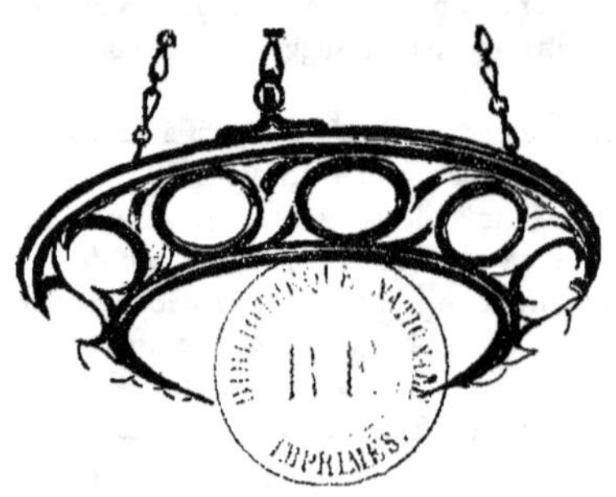

APPENDICE

Je crois bon de reproduire ici intégralement trois pièces de première importance aux-quelles j'ai fait allusion, dont j'ai même cité quelques passages : les deux lettres de M. Gabriel Thomas qui sont des témoignages aussi autorisés que décisifs en faveur des frères Perret, auteurs du Théâtre des Champs-Élysées; et la lettre que ceux-ci adressèrent en 1913 à M. Pascal Forthuny. La lettre des frères Perret n'a pas seulement l'intérêt de réfuter pertinemment les prétentions de M. van de Velde, elle nous offre cette chose bien rare, l'analyse technique de leur œuvre faite par les auteurs eux-mêmes, des auteurs qui savent ce qu'ils ont fait et pourquoi ils l'ont fait. Les deux premiers de ces documents ont été publiés dans *l'Amour de l'Art*, juillet 1925, p. 244; M. Pascal Forthuny a inséré le troisième dans un recueil aujourd'hui presque introuvable, *les Cahiers de l'Art moderne*, n° 7, p. 6-14

7 juillet 1914.

Messieurs A. et G. PERRET, architectes, 25 *bis*, rue Franklin, Paris.

MESSIEURS,

Après avoir pris connaissance de l'article sur le Théâtre des Champs-Élysées publié par M. Jacques Mesnil dans la revue *l'Art flamand et hollandais*, je vous autorise à pour-suivre auprès de lui, de son éditeur et de tous autres journaux ou revues la publication des déclarations suivantes :

1° Le contrat intervenu entre la Société du Théâtre des Champs-Élysées et M. van de Velde, en date du 3 décembre 1910, concernait uniquement la *façade* et la *décoration intérieure*.

Sa participation à l'étude du plan ne fut qu'accessoire et subsidiaire. S'il en avait été autrement, M. van de Velde n'eût pas eu besoin de me demander mon autorisation pour apposer sa signature sur des plans dits du 30 mars dont il est question ci-dessous.

2° Ces plans, dont un figure à la page 172 de la revue, ont été terminés en réalité le 13 juin. Ils ont été établis dans les bureaux de notre administration, d'après le plan d'ossature générale, daté du 4 mars, dressé par A. et G. Perret. C'est ce plan d'ossature qui servit à l'établissement de la maquette de la salle, commencée en avril 1911.

3° Toutes les *études de façade* présentées par M. van de Velde ont été définitivement *rejetées* par le Conseil d'administration le 3 juillet 1911.

4° Le contrat de M. van de Velde *a été résilié* les 11 et 13 juillet 1911.

5° En résumé, la conception et la disposition de l'ossature générale en béton armé, l'étude complète des plans définitifs qui en découlent, les façades, la décoration intérieure et l'ameublement, sont entièrement l'œuvre d'A. et G. Perret, architectes.

Le président du Conseil d'Administration,

Gabriel THOMAS.

18 juin 1924.

Monsieur HORTA, architecte, Bruxelles.

MONSIEUR,

J'ai l'honneur de vous remettre ci-joint les articles de M. Pascal Forthuny qui me paraissent le témoignage le plus complet et le plus impartial du rôle de M. Auguste Perret dans la construction du Théâtre des Champs-Élysées. Je vous confirme en outre mes déclarations à cet égard.

S'il est exact que M. Bouvard et M. van de Velde aient été appelés à s'occuper de cette entreprise à l'origine et que des plans aient été dressés par eux sous ma direction, il n'en est pas moins vrai que la conception architectonique de l'œuvre soit entièrement due à M. Auguste Perret, avec lequel j'ai collaboré quotidiennement pendant deux années consécutives, d'avril 1911 à avril 1913.

Avant cette époque, M. van de Velde, désigné, sur ma proposition, par notre Conseil d'administration pour être l'architecte du Théâtre, a produit un *avant-projet de décoration intérieure* ainsi qu'une *maquette de façade qui n'ont pas été acceptés,* et c'est à la suite de cet échec que M. van de Velde *a dû se retirer.*

Le Théâtre une fois construit, M. van de Velde eut, en effet, la prétention d'en revendiquer au moins en partie la paternité. En toute bonne foi, moi qui, depuis le début, ai été l'ordonnateur de l'œuvre, je crois qu'il n'*y a aucun droit,* et je ne puis à ce sujet que confirmer la lettre que j'écrivais le 7 juillet 1914, à MM. Perret frères, pour clore toute discussion.

Gabriel THOMAS.

P.-S. — Je dois à M. van de Velde l'idée de la construction du gros œuvre en béton armé, et c'est lui qui m'a mis en relations avec M. Auguste Perret : de cela je ne saurai jamais lui être assez reconnaissant.

Lettre d'A. et G. Perret à M. Pascal Forthuny.

Paris, le 8 octobre 1913.

Monsieur,

C'est seulement aujourd'hui que nous avons connaissance de votre n° 6 des *Cahiers de l'Art moderne*, daté du 15 septembre dernier et consacré « au Théâtre des Champs-Élysées ».

Après un premier mouvement de surprise et de mauvaise humeur que provoqua l'obligation d'intervenir par une lettre qui sera nécessairement longue, nous nous félicitons d'avoir l'occasion que vous nous offrez de liquider publiquement ce que vous appelez la « question du Théâtre des Champs-Élysées ». C'est très flatteur qu'il y ait une « question du Théâtre des Champs-Élysées ». Cela prouve, en tous cas, que l'œuvre n'est pas indifférente.

Mais d'abord quel étonnement! Comment? Nous avons jugulé la grande presse, étranglé les revues d'art et les revues techniques, fait taire tous nos collaborateurs : les Bourdelle, Denis, Marval, Roussel, Vuillard! Tous ces artistes qui sont aussi d'honnêtes gens seraient nos « complices »? Vraiment, Monsieur, vous nous attribuez des moyens que nous n'avons pas. « J'accuse » vous empêche de dormir ou plutôt vous endort. Comment vous, vous-même, n'avez-vous pas vu la vérité dans ce que vous écriviez et présentiez? Car elle y est, la vérité, dans votre n° 6. Il suffit, pour la faire surgir, de désenchevêtrer la thèse que vous qualifiez de « si enchevêtrée ». En effet, les allégations de votre n° 6 s'appuient sur des faits qui les infirment. Vous nous attribuez (il serait vraiment difficile qu'il en fût autrement) le parti des quatre groupes de deux points ou pylônes dans la salle. Eh bien, mais c'est fini, c'est jugé, tout le Théâtre est là. Examinez le croquis d'ossature ci-joint (A), composé par nous dès notre arrivée dans l'affaire (c'est reconnu). Vous vous apercevrez que c'est de ces quatre groupes de deux points symétriques posant sur deux grandes poutres et soutenant deux ponts que découle l'architecture de tout l'édifice. Quatre pylônes, quatre escaliers, quatre entrées, l'ensemble surmonté d'une coupole ou couronne en quatre parties. C'est de ces quatre pylônes que vient tout l'aspect de la salle actuelle, c'est ce parti qui exige la disposition des balcons telle qu'elle a été exécutée : ne faut-il pas que ces balcons portent sur l'ensemble des quatre groupes de points? Pourquoi ne pas se servir de ceux qui sont du côté de la scène?

Passons à l'ensemble de notre plan : à ces quatre groupes de deux points est liée toute la composition; c'est sur eux que s'alignent tous les poteaux de la construction, poteaux qui constituent l'ordonnance architectonique du théâtre; ils aboutissent en façade aux deux pylônes de notre grand portique. Nous retrouvons le même grand portique en façade latérale, et, ainsi, tout s'aligne, se tient, ne fait qu'un.

Avons-nous besoin d'aller plus loin? N'avez-vous pas les yeux ouverts? Regardons maintenant de plus près.

Prenons, si vous voulez bien, un des plans « dits » (1) du 30 mars 1911. Pourquoi n'avez-vous pas publié ces plans? *Ils sont profondément dissemblables des premiers*, dites-vous? Or, ce sont précisément ces premiers plans datés du 14 novembre 1910 (salle ovoïde) que nous avons reçus le 29 janvier 1911, en entrant dans l'affaire, pour l'étudier, et c'est de cette étude

---

(1) Nous écrivons « dits » du 30 mars, parce que ce n'est pas le 30 mars qu'ont été terminés ces plans, mais bien le 15 juin, ainsi qu'en fait foi la lettre recommandée écrite par nous à M. R. Bouvard (numéro du dépôt de la lettre : 629). On a antidaté les plans du 15 juin au 30 mars afin qu'ils portent la même date que notre contrat de construction, qui, lui, est du 30 mars.

qu'est sorti notre plan d'ossature générale, celui que nous mettons sous vos yeux : il n'a jamais changé, c'est celui-là qui est profondément dissemblable *des premiers;* si les premiers étaient à peu près la transcription du programme de M. Gabriel Thomas, ils étaient parfaitement décousus et inconstructibles. Après avoir essayé vainement de les mettre debout, nous avons pris le parti de proposer une solution générale, nouvelle, qui serait l'expression de notre mode de construction. Cette solution, très dissemblable, *c'est notre ossature,* c'est celle dont nous avons remis des croquis dès le 14 février et, le 4 mars, des dessins complets, comprenant le tracé définitif des escaliers diagonaux.

Appliquons un calque de cette ossature sur le plan « dit » du 30 mars 1911 que nous avons pris tout à l'heure; tous les points de construction concordent. C'est sur nos tirages de cette ossature générale qu'ont été établis ces plans « dits » du 30 mars; mais comment? Il semble qu'on ait voulu ignorer cette ossature, la cacher; vous voyez de-ci de-là, principalement du côté de la scène, des masses de maçonnerie, de staff, que sais-je? englober, embarbouiller nos points, comme pour rappeler, pour réaffirmer un parti *préconçu.* C'est alors que nous avons dit à M. Gabriel Thomas : « Attention! nous sommes en train de vous construire un théâtre en béton armé, et on va vous en faire un autre, tout autour, en camelote. Vous allez dépenser, pour faire ce deuxième théâtre, beaucoup plus que les économies réalisées par notre solution, car le béton armé est un mode de construction économique, mais la véritable, l'importante économie, dans notre cas comme dans tous les cas, réside tout entière dans la solution rationnelle et simple du problème proposé. »

Reprenons notre calque, appliquons-le maintenant sur un plan définitif : tous les points concordent, mais ils ne sont plus de-ci de-là masqués, dissimulés : toute la construction, toute l'ossature est apparente. Dans la salle, les quatre groupes de deux points sont affirmés; les balcons les relient tous les quatre. Ce nouveau parti a entraîné la création des fauteuils de corbeille (F. C.) en prolongement des primitives loges de corbeille, considérablement diminuées, et dont on envisagea même la suppression pour les remplacer par des rangs de fauteuils. Ceci n'est pas *un détail* (1); c'est nettement une nouvelle conception résultant du parti architectonique général, entraînant du même coup la suppression des fameuses loggias (2), et diminuant de moitié la distance formidable qui séparait alors les spectateurs de la scène. Nous avons maintenant quatre pylônes qui ouvrent quatre accès devant quatre escaliers.

Pour couronner la salle, nous avons créé la ceinture de loges grillagées qui réunit complètement les quatre groupes de deux points, passe au-dessus de la scène pour recevoir les orgues, raccorde ainsi la salle à la scène, et amène tout naturellement la coupole, avec le repos nécessaire entre les spectateurs et la peinture. Nous avons pensé primitivement laisser le mur plein à la place des loges grillagées; c'eût été désastreux pour l'acoustique : c'est pour retrouver une surface que nous avons mis les grillages dorés.

Nous voici à la coupole. Elle est divisée en quatre panneaux avec médaillons au-dessus des pylônes; avouez que cette disposition s'harmonise mieux avec notre parti qu'avec celui d'une salle dissymétrique (plans A, B, C de votre n° 6). Maintenant, examinez sur la coupe

---

(1) [Allusion à cette phrase du plaidoyer Van de Velde-Forthuny : « Tout cela [c'est-à-dire les plans Van de Velde] a été construit sauf corrections de détail. »]

(2) Le chauffage d'une salle de spectacle est bien difficile à réaliser; la moindre ouverture y produit de graves courants d'air; en admettant qu'on ait conservé le plan primitif d'une salle dissymétrique avec loggias, on eût certes été amené à clore celles-ci pour supprimer les courants d'air.

notre profil de coupole et comparez-le à la coupe que vous publiez dans votre n⁰ 6. Dans le nôtre, vous voyez au centre une grande retombée : c'est le bouclier, c'est l'appareil d'éclairage de la peinture et de la salle; il est lié au profil de la coupole. Dans l'autre, vous voyez au centre un creux. Que devait-il y avoir dans ce creux, comment aurait-on éclairé la peinture ?

Notre profil est un profil nettement *pendant*. Aussi est-il supporté par des aiguilles pendantes. L'autre est un profil qui pousse et sur quoi ? sur rien. C'est le profil d'une coupole soutenue par des points d'appui; cette coupole ne tient plus. Pour notre parti, le terme de coupole n'est pas propre, c'est plutôt une couronne, un dais suspendu au-dessus d'une salle et décorant un plafond; c'est un grand appareil d'éclairage et de ventilation, c'est une surface éminemment acoustique par sa forme, surtout par sa matière. Ce dais suspendu au plancher en béton armé par les aiguilles pendantes, nous avons pu le réaliser en staff d'une très minime épaisseur (20 à 25 millimètres). Ce procédé déjà employé par nous au Casino municipal de Saint-Malo en 1898 nous avait donné les meilleurs résultats quant à la qualité du son. Il apparaît nettement que nous avons également réussi au Théâtre des Champs-Élysées (1).

Pour en terminer avec la salle, parlons de la suppression des loges d'avant-scène; cette suppression faisait partie du programme, ce n'est ni M. van de Velde ni nous qui l'avons inventée. Lisez plutôt l'extrait ci-dessous de l'*Almanach des spectacles* de 1794 :

Une superbe salle de spectacle s'est élevée l'année dernière dans la rue de la Loi, vis-à-vis la Bibliothèque nationale; mais, différente des autres, et destinée à représenter tous les genres de spectacles connus, il était important, en érigeant ce monument, de faire faire à l'illusion un pas de plus. Il fallait, pour accroître les jouissances du public et doubler la vérité de la représentation, qu'il existât une ligne de démarcation bien sentie entre les spectateurs et l'action représentée. Car, s'il est nécessaire, pour l'enchantement du public, que tous ses sens soient en entier sur le théâtre, il faut que l'acteur soit seul, pour ainsi dire, avec le personnage qu'il joue. Cette considération, importante au progrès comme à la magie de l'art, a fait taire toute spéculation mercantile; et, pour la première fois, un théâtre s'est élevé sans être gêné par des loges d'avant-scène. La tragédie, la comédie, l'opéra, le drame et la grande pantomime, ce genre superbe oublié depuis le fameux Servandoni, tels sont les spectacles que l'on s'est proposé de présenter tour à tour au public, dans cette salle qui a été construite sur les plans et sous la conduite du citoyen Louis, architecte déjà connu par les grands monuments qu'il a élevés dans la République.

L' « abîme mystique » appartient à Victor Louis.

Nous avons toujours notre calque d'ossature posé sur le plan d'exécution, et nous voyons que tous les poteaux principaux concordent, que ces poteaux constituent toute l'ordonnance, tant intérieure qu'extérieure. A l'intérieur, ce sont les poutres reliant ces poteaux qui forment toute la décoration des plafonds; ces poutres accusent encore plus nettement la construction et la grande simplicité du parti. A l'extérieur, ce sont les poteaux alignés sur les quatre groupes de deux points qui constituent les pylônes du grand portique de la façade principale : mêmes pylônes, même portique en façade latérale. Les quatre grands lanterneaux de ventilation de la salle accusent l'intersection de ces deux alignements; de plus, ils couronnent à l'extérieur les pylônes de la salle. Encore une fois tout cela se tient, ne fait qu'un

---

(1) [Réponse à un passage du plaidoyer Van de Velde-Forthuny : « A d'autres [qu'à Van de Velde] le moyen — contestable — d'accrochement de la coupole en staff, sorte de cloche suspendue à des poutres en béton sur le toit, alors qu'il eût été rationnel de la faire reposer sur les piles. »]

et résulte du parti affirmé d'un bout à l'autre des quatre groupes de deux points dans la salle; le voilà, l'esprit architectural et constructif, — il est signé Perret (1).

Notre dessin d'ossature générale une fois remis, nous dûmes partir pour Constantinople, et c'est dans le train, en revenant, que nous avons crayonné sur un prospectus le croquis ci-joint E. C'est l'expression de ladite ossature ; grand portique correspondant aux pylônes de la salle, le centre aveugle parce que cela nous donnait de grandes facilités pour le Théâtre de Comédie (2). Arrivés à Paris, nous mettons notre croquis au net, c'est le dessin B ci-joint; il est complété par une façade latérale C, on ne peut les séparer. Nous proposons à M. Gabriel Thomas ce parti qui nous paraît exprimer le mieux notre conception, en revêtant de marbre notre ossature, et, par là même, susceptible de réaliser une grande économie. Ce parti, — un grand portique dominant des bas côtés, — crée un axe affirmant la salle et nous rend indépendants des constructions voisines.

Jusqu'à ce moment, la façade étudiée par M. van de Velde est en pierre massive; elle est fondée au bon sol sans lien avec l'ossature générale qui, elle, plonge dans l'eau et dans la glaise, et flotte. Quelle erreur, ô chef d'école!

M. Gabriel Thomas comprit immédiatement l'avantage de notre solution. Il y rallia M. van de Velde, qui lui-même proposa au Conseil d'administration, le 13 *mai*, d'abandonner sa façade massive, ce qui fut accepté; et on vota le principe d'une façade en revêtement. A partir de ce moment, notre croquis seul sert de base aux études. Nous établissons une maquette, nous la présentons le 29 *juin* au Conseil d'administration. Le centre aveugle effraie la majorité, et le Conseil nous demande d'étudier une autre disposition pour cette partie centrale, tout en conservant le parti très franc du grand portique. C'est alors que nous présentons le croquis D. Nous avons remplacé le centre plein par un décor en applique, inspiré du décor du portail des Invalides; le revêtement ne permet-il pas cette conception avec plus de logique qu'aux Invalides? Ce décor en applique, sorte de petit ordre dans le grand portique, affirme — peut-être un peu subtilement — le Théâtre de Comédie. Ce croquis fut adopté. Comparez-le à la réalisation actuelle : tout y est. Nous sommes loin d'une façade en pierre massive, fondée au bon sol, masquant vicieusement un édifice en béton armé et flottant.

Il nous semble avoir suffisamment prouvé que toute l'architecture du Théâtre des Champs-Élysées est directement *issue de la carcasse en béton armé avec son ordonnance de points*. Or, cette carcasse est de nous; toute la décoration est de nous : concluez.

Nous n'avons envisagé jusqu'ici que les grandes lignes de la réalisation; celles-ci furent précédées des grandes lignes du programme. Nous ne pouvons terminer cette lettre sans rendre hommage à celui qui élabora ce programme, disposa les éléments de la composition, à côté de qui nous travaillâmes quotidiennement pendant les deux années que dura la con-

---

(1) [Allusion à une phrase du plaidoyer Van de Velde-Forthuny : « Est-ce ceci qui a été construit ? Non certes. D'autres interventions dont nous avons à parler ont modifié, réformé cette idée première. Mais l'esprit constructif en subsiste, manifeste, indéniable et comme signé : *Van de Velde.* »]

(2) La façade ouverte nous a amenés à créer un foyer pour la Comédie; foyer prenant deux étages de ce théâtre au grand dommage des dégagements de ce deuxième étage. De plus, la lumière naturelle pénétrant par les grandes fenêtres rend cacophoniques les couleurs des peintures, tentures, tapis, pendant la représentation en matinée. Pour rétablir l'harmonie, il faut clore ces grandes fenêtres. Alors, pourquoi pas la façade aveugle ?

struction, à celui qui tout sensibilité, intelligence, courage, fut l'âme de cette entreprise, à M. Gabriel Thomas.

Veuillez agréer...

A. G. PERRET.

Post-scriptum. — M. van de Velde n'a pas hésité à revendiquer comme étant de son invention tout ce que le programme dû à M. Gabriel Thomas avait d'avance imposé à l'architecte, et aussi, avec quelque ingénuité, des partis architectoniques appartenant depuis des siècles au domaine public, par exemple, la forme ronde d'une salle de spectacle.

Il veut bien reconnaître cependant que « le système de carcasse en béton armé avec son ordonnance de points » ainsi que « la décoration » de l'édifice sont notre œuvre. Mais vous formulez, avec lui, comme c'est votre droit, quelques critiques secondaires, faciles. Nous tenons à y répondre le plus brièvement possible.

Ainsi vous déclarez que, par la suite, nous aurions rajouté des poteaux entre les quatre groupes de deux points. Mais ce ne sont pas des poteaux, ce sont des nervures verticales, après quoi s'accrochent les balcons; l'axe de chacune de ces nervures est nettement indiqué dans notre premier plan d'ossature (A); elles s'accusent et s'arrêtent aux loges grillagées; elles ne montent pas plus haut; *seuls*, les quatre groupes de deux points ou pylônes vont jusqu'aux ponts qui portent le plafond de la salle.

Ignorant les ressources multiples qu'offre le béton armé, vous jugez sans bienveillance nos piliers ronds. Nous nous bornerons à vous faire remarquer que c'est là la section idéale d'une pièce chargée debout. On en voit dans les usines d'Amérique comme chez nous. On emploie pour leur exécution un coffrage circulaire qui sert à chaque étage, ou un procédé de cintrage avec de la tôle. Nous nous sommes arrêtés à ce parti parce qu'il différencie les pièces chargées debout des nervures ci-dessus qui, elles, travaillent surtout à la flexion.

La cloison en brique rachetant un biais fâcheux du terrain attriste non sans tort M. van de Velde « puriste ». Mais puisque la configuration du terrain exigeait une compromission, nous avons rationnellement opté pour celle indiquée par la construction. Tous nos murs sont, en effet, composés de deux parois en brique, séparés par un vide (isolant précieux); le vide réservé est ici plus grand, mais il a une double utilité : il renferme tout un service d'électricité et de chauffage.

Nous avons abaissé les bas côtés, autre faute grave dans la pensée de l'esthéticien de Weimar. Mais puisque notre parti veut un grand portique, dominant et accusant la grande salle, nous avons préféré voir les bas côtés... plus bas, comme leur nom l'indique.

Enfin vous paraissez vous-même, Monsieur, regretter avec M. van de Velde, la clôture des terrasses de ces bas côtés. Cependant, vous employez un terme exact : ce sont bien des clôtures, et non des balustrades; elles ont 1 m. 75, parfaitement. Avez-vous vu des terrasses en Orient ou en Algérie? Elles sont toujours closes par des murs à hauteur d'homme; une terrasse n'est habitable qu'à cette condition. Il y a des bancs, et lorsqu'on veut voir dans la rue, on monte sur les bancs. A l'extérieur de nos clôtures, le bandeau n'est pas à hauteur du plancher; c'est grave évidemment. Mais, que voulez-vous, tout ne va pas comme on veut. Un théâtre a tant de niveaux différents que s'il fallait les accuser tous extérieurement, il n'y aurait plus de façade possible.

Il sera peut-être édifiant de mettre sous les yeux de vos lecteurs :

1º le plan ci-joint du Casino municipal de Saint-Malo construit sur nos plans en 1898. La salle de spectacle comporte le parti des quatre pylônes avec coupole en staff et éclairage par un grand oculaire central.

2º les photographies de notre Maison rue Franklin (1903) et du Garage d'automobiles, 51, rue de Ponthieu (1906). Les lignes montantes de la structure en béton armé s'accusent franchement comme au Théâtre des Champs-Élysées. Leur commune origine est évidente.

A. G. P.

Quelques lignes de M. Pascal Forthuny pourront utilement terminer cet appendice. Elles lui font honneur :

« Pour en conclure, je tiens à dire qu'ayant été voir MM. Perret, ayant feuilleté avec eux des dossiers considérables, ayant demandé à tout voir, depuis les esquisses jusqu'aux détails d'exécution, les dessins constructifs, les calculs de résistance, toute la technique dans son développement depuis l'ossature jusqu'à la décoration ;

« je ne fais aucune difficulté pour reconnaître que les suggestions qui, naguère, m'avaient conduit à une opinion dont le seul mérite fut d'être sincère et convaincue, étaient basées chez M. van de Velde sur une loyale et inconsciente méconnaissance des faits.

« M. van de Velde est resté enfermé dans sa conception de théâtre et il n'a pas vu qu'on en construisait un autre. Voilà mon sentiment. »

CATALOGUE DES ŒUVRES DES FRÈRES PERRET

(Jusqu'à octobre 1926)

1889. — La tour du Temple (reconstitution faite sur ls dessins d'Auguste Perret, à l'Exposition universelle de 1889).

1890. — Maison à Berneval.

1894-95-96. — Quatre maisons à six étages, rue Sorbier (XXᵉ).

1898. — Immeuble pour bureaux, 10, faubourg Poissonnière.

1899. — Casino municipal de Saint-Malo.

1902. — Maison à loyer, 119, avenue de Wagram.

1902. — Projet de théâtre pour Oran.

1902-1908. — Entreprise de la cathédrale d'Oran (architecte Albert Ballu).

1902-1903. — Maison, 25 *bis*, rue Franklin (béton armé).

1904. — École de la rue de la Tour (bois, fibro-ciment et carreaux de plâtre. Il s'agissait d'un bâtiment provisoire garanti pour vingt ans. L'école existe toujours et fonctionne).

1904. — Maison à loyer, avenue Niel (façade pierre, intérieur en pan de fer).

1905. — Garage pour automobiles, 51, rue de Ponthieu (béton armé).

1905. — Villa de M. Bonnet à Monteceau, près Meaux (moellon et bois).

1906. — Maison à loyer, 48, rue Raynouard (pierre, brique et fer).

1907. — La Saulot, rendez-vous de chasse à Salbris pour M. Lange (brique, béton armé et bois).

1907-08. — Docks à Saïda, à Tiaret et à Sidi-Bel-Abbès (béton armé).

1908-09-10. — Voyages et travaux d'entreprise : Monténégro, légation de France (Paul Guadet, architecte).

Constantinople, ambassade de France (Chedanne, architecte), transformation avec large emploi du béton armé.

1909-1910. — Les Terrasses, à Bièvres; transformation extérieure et intérieure.

1911-13. — Théâtre des Champs-Élysées (béton armé).

1914-15. — Maison Van Rysselberghe, rue Claude-Lorrain (brique et béton armé).

1914-1921. — Monument de Mme Paul Jamot au cimetière Montparnasse (marbre sur substruction de béton armé).

1914. — Projet de la Société royale d'Harmonie d'Anvers (béton armé).

1915. — Docks de Casablanca (béton armé).

1919. — Docks de la Société industrielle à Casablanca (béton armé).

1919. — Atelier de confection, 78, avenue Philippe-Auguste (béton armé).

1922. — Société marseillaise de crédit, rue Auber (aménagement d'immeubles en banque avec large emploi de ciment fondu).

1922-23. — Église du Raincy (béton armé).

1923. — Ateliers de décors, rue Olivier-Métra (XXᵉ) (béton armé).

1919-20-21. — Ateliers Marinoni, à Montataire (Oise) (béton armé).

1919-20-21. — Fonderie Wallut, à Montataire (Oise) (béton armé).

1919-20-21. — Fonderie Grange, à Montataire (Oise) (béton armé).

1921. — Usine F. E. R., à Aulnois (Nord) (béton armé).

1921. — Études de maisons en série, publiées dans le nº 13 de *l'Esprit nouveau* (mortier projeté).

1922. — Étude de « Maisons-Tours » publiée dans *l'Illustration* du 12 août 1922 et dans *la Science et la Vie* de décembre 1925 (béton armé).

1923. — Maisons à Grand-Quevilly, près Rouen (brique et béton armé).

1923. — Maison de M. Gaut, rue de Nansouty (brique et béton armé).

1923. — Le Pont d'argent, praticable en aluminium pour un spectacle (fête des Petits Lits blancs).

1924. — Le clocher de Saint-Vaury (Creuse), restauration (béton armé).

1924-25. — Le théâtre de l'Exposition des Arts décoratifs (bois, béton et acier).

1925. — Le pavillon Lévy, devenu « Samaritaine », à l'Exposition des Arts décoratifs (bois et béton).

1924. — Le Palais de bois (tout en bois).

1924-25. — La Tour d'orientation de Grenoble (béton armé).

1925. — Le Crédit national hôtelier, rue de la Ville l'Évêque (aménagement d'un immeuble en banque).

1925. — Église Sainte-Thérèse de Montmagny (béton armé).

1926. — Maison Mouron, à Versailles (brique et béton; meubles encastrés).

1926. — Maison Véret, à Noyon (brique et béton).

1926. — Galerie Granoff, 166, boulevard Haussmann (installation).

1926. — Maison Chana Orloff, rue de la Tombe-Issoire (béton armé).

1926. — Maison Aghion, à Alexandrie (béton armé; en cours de construction).

OUVRAGES DIVERS

1900. — Meuble en amaranthe.

1901. — Bijou en opale.

1901. — Peignes et épingles à cheveux.

1902. — Meubles de bibliothèque.

1917. — Vasque en fer forgé doré et albâtre d'Écosse pour M. Gabriel Thomas.

1923. — Meubles de salle à manger pour M. André Olivier, à Bellevue.

1924. — Table à thé en amaranthe.

1925. — Meuble de chevet.

BIBLIOGRAPHIE

Le Théâtre de s Champs-Elysées.

Paul Jamot. — Le Théâtre des Champs-Élysées. *Gazette des Beaux-Arts,* avril-mai 1913.
J.-L. Vaudoyer. — Le Théâtre des Champs-Élysées. *Art et Décoration,* mai 1913.
M. Brincourt. — Le nouveau Théâtre des Champs-Élysées. *L'Architecture,* mai 1913.
Paul Guadet. — Le Théâtre des Champs-Élysées. *L'Architecte,* oct.-nov. 1913.
Pascal Forthuny. — Le Théâtre des Champs-Élysées. *Les Cahiers de l'Art moderne,* sept.-oct. 1913.
P. Couturaud. — Le Théâtre des Champs-Élysées. *La Construction moderne,* 16, 23, 30 nov. 1913.
H. Bartle Cox. A. R. I. B. A. — Le Théâtre des Champs-Élysées. *The Architect's Journal,* 13, 20 déc. 1922.

L'Église Notre-Dame du Raincy.

Félix Fénéon. — Une église en ciment armé. *Bulletin de la Vie artistique,* 15 juin 1922
Louis Gillet. — Saint-Taxi. *Le Gaulois,* 18 juin 1923.
Y. Rambosson. — Une basilique moderne. *L'Illustration,* 23 juin 1923.
Gabriel Boissy. — Une féerie architecturale. *L'Intransigeant,* 9 juillet 1923.
Ch. Dantin. — L'église en béton armé du Raincy. *Le Génie civil,* 7 juillet 1923.
[Marre]. — L'église en béton armé du Raincy. *Le Correspondant,* 10 août 1923.
Paul Jamot. — Notre-Dame du Raincy. *Gazette des Beaux-Arts,* sept. oct. 1923.
Léon Rosenthal. — L'Art urbain et les arts appliqués. *Les Nouvelles littéraires,* 11 nov. 1923.
Jean Badovici. — Notre-Dame du Raincy. *L'Architecture vivante,* automne 1923.
Albert Flament. — Béton (une église nouvelle). *L'Intransigeant,* 18 nov. 1923.
Léon Petit. — L'Esthétique dans les constructions en béton armé. *Le Génie civil,* 15 déc. 23.
Y. Rambosson. — La nouvelle église du Raincy. *Art et Décoration,* janv. 1924.
V. Sabouret. — Grandes églises voûtées en béton armé. *Le Génie civil,* 5 janv. 1924.
Maurice Brillant. — Les œuvres et les hommes. *Le Correspondant,* 25 janv. 1924.
Maurice Brillant. — Notre-Dame du Raincy. *L'Almanach catholique,* 1924.
Paul Jamot. — Notre-Dame du Raincy. *Notes d'Art et d'Archéologie de la Société de Saint-Jean,* 1924.

M. Roux Spitz. — L'Église du Raincy. *L'Architecte*, février 1924.
—   Notre-Dame du Raincy. *La Libre Parole*, 21 février 1924.
A. Goissaud. — L'Église du Raincy. *La Construction moderne*, mars 1924.
G. Toudouze. — Notre-Dame du Raincy. *Lectures pour tous*, juillet 1924.
W. D. Joster. — French expression of modern Architecture. *The Architectural Record*, Aug. 24 (New-York).
A. Louvet. — L'Église Notre-Dame du Raincy. *L'Architecture*, octobre 1924.
H. Bartle Cox. A. R. I. B. A. — Notre-Dame du Raincy. *The Architect's Journal* (Londres), Feb. 1925.
P. Meyer. — Eine modern katolische Kirche. Notre-Dame du Raincy. *Schweizerische Bauzeitung*, 7 mars 1925.
M. Mayer. — Églises en béton armé. *La Revue de Bourgogne*, juillet 1925.
August Brunius. — Ett Tempel an Betong. *Svenska Dagbladet*, 9 augusti 1925.
Maurice Coquelin. — Un essai moderne d'architecture religieuse. *Petit Journal*, 21 nov. 25.
Muriel Harris. — Concrete takes new fazon in a French church. *New York Times Magazine*, 18 ap. 1926.
Muriel Harris. — A concrete church in France. *The Manchester Guardian*, March 2, 1926.
—   — La Basilique de ciment. *Almanach Hachette*, 1927, p. 78.

Le Théâtre de l'Exposition des Arts décoratifs et industriels modernes.

Y. Rambosson. — *Un Théâtre moderne. L'Illustration*, 3 janvier 1925.
A. Blum. — Le Théâtre de l'Exposition. *L'Art vivant*, 15 janvier 1925, 10 oct. 1925.
J. Badovici. — Le Théâtre de l'Exposition. *L'Œuvre*, printemps 1925.
—   —   — *L'Architecture vivante*, été 1925.
A. Dezarrois. —   — *Revue de l'Art*, avril 1925.
A. Bloc et R. Bricard. —   — *Science et vie*, mai 1925.
G. Toudouze.   —   — *Lectures pour tous*, janvier ,1925.
—   —   — *L'Architecte*, juin 1925.
Lionel Landry.   —   — *Art et Décoration*, juin 1925.
G. Janneau.   —   — *Bulletin de la Vie artistique*, 15 juin 1922.
Max. Gauthier.   —   — *L'Art et les Artistes*, juillet 1925.
M. Dormoy. — Réponse d'Auguste Perret à H. van de Velde. *L'Amour de l'art*, juillet 1925.
—   Interview d'Auguste Perret sur l'exposition des A. D. I. M. *L'Amour de l'art*, mai 1925.
W. George. — Les Tendances de l'Exposition. *L'Amour de l'art*, août 1925.
Louis Gillet. — Le Théâtre de l'Exposition. *L'Amérique latine*, 30 août 1925.
H. Bartle Cox. A. R. I. B. A. — The Theatre at the 1925 Exhibition of decorative art. *The Architect's Journal*, 25 Sept. 1925.
G Janneau — Le Théâtre de l'Exposition. *Le Temps*, 23 nov. 1925.

Tombeau au cimetière Montparnasse.

Henri Lechat. — Une Œuvre d'art au cimetière Montparnasse. *Gazette des Beaux-Arts*, sept.-oct. 1922.
L. Hautecœur. — Un Tombeau au cimetière Montparnasse. *L'Architecture*, 25 mai 1923.

Divers.

JEAN LABADIE. — Les cathédrales de la Cité moderne. *L'Illustration*, 12 août 1922.
— — A la recherche du home scientifique. *Science et Vie*, déc. 1925.
JEAN BADOVICI. — Petit hôtel particulier à Paris. *L'Architecture vivante*, printemps 1924.
— — Un atelier de décor. Le Palais de bois à la Porte Maillot. *L'Architecture vivante*, automne 1924.
LÉON ROSENTHAL. — L'Architecture à l'Exposition de Grenoble. *L'Architecture*, 25 sept. 1925.
A. GOISSAUD. — L'Exposition de Grenoble et la Tour d'orientation. *La Construction moderne*, 16 août 1925.
CH. BILLARD. — L'organisation des usines et des bureaux. *Mon Bureau*, fév.-mars 1926.
G. JANNEAU. — Les moyens nouveaux de la construction. *L'Exportateur français*, 27 mai 1926.
PAUL JAMOT. — Auguste Perret et la Basilique Sainte-Jeanne-d'Arc. *L'Art vivant*, 1er juillet 1926.
— 1905 date décisive pour l'architecture du béton armé. *L'Art vivant*, 1er septembre 1926.
LOUIS CHARVET. — Visites d'ateliers ; les constructeurs : Auguste Perret. *Revue des Jeunes*, 10 janvier 1927.
A. LOUVET. — Les églises modernes. — I. Église Sainte-Thérèse de l'Enfant-Jésus, à Montmagny (S.-et-O.), par MM. Perret frères. — II. Le concours de l'église Sainte-Jeanne-d'Arc, à Paris ; projet de MM. Perret frères. *L'Architectnre*, 15 janv. 1927.

Études d'ensemble.

M. DORMOY. — A. et G. Perret architectes. *L'Amour de l'art*, janvier 1923.
— Aug. und Gustav Perret. *Das Kunstblatt*, oct. 1923.
— De Architekten A. en G. Perret. *Elzevier's* (Amsterdam), nov. 1924.
— A. und G. Perret. *Œsterreichs Bau = und Werkkunst*, mai 1926.
M. ROUX SPITZ. — L'Architettura moderna in Francia. *Architettura e Arti decorative*, sept. 1924.
K. TEIGE. — A. a G. Perret. *Stavba* (Prague), n° 7, 11e année.
JEAN BADOVICI. — A. et G. Perret. *L'Architecture vivante*, été 1925.
W. HEGEMANN. — A. G. Perret, architekten in eisenbeton. *Wasmuth Monatsheft*, heft 8 et 12, 1925.
CH. IMBERT. — Französische Architekten ihrer Zeit. *Deutsche Bauzeitung*, 13 nov. 1926.
H. BARTLE COX. A. R. I. B. A. — Auguste Perret and Brothers. *The Architect's Journal*, 8 Dec. 1926.

TABLE DES PLANCHES

TABLE DES FIGURES DANS LE TEXTE

TABLE DES MATIÈRES

ACHEVÉ D'IMPRIMER LE QUINZE AVRIL MIL NEUF CENT
VINGT-SEPT PAR ARRAULT ET Cie, A TOURS, POUR
G. VANOEST, ÉDITEUR A PARIS ET BRUXELLES. PLANCHES
HORS TEXTE EN HÉLIOTYPIE DE A. FAUCHEUX, A CHELLES.